全国职业院校"十三五"土建类专业系列规划教材

主　编　余琳琳

副主编　伍文文　卢娜娜

建设工程招投标与合同管理

合肥工业大学出版社

前　言

　　培养具有较强合同意识和实际合同管理能力的工程管理和工程造价专门人才是工程建设领域的一项重要工作。和其他同类教材相比,本书的特点在于其应用性强,侧重对工程实务的介绍。本书理论体系完备,实践性和可操作性强,以大量案例阐述和分析招标投标所涉及的问题,使读者更容易理解和掌握理论知识与实践操作程序。

　　本书在介绍建设工程招标投标基本理论及《招标投标法》内容的基础上,着重阐述了建设工程施工招标投标方式、方法和基本内容;此外,还介绍了国际工程招标投标与合同条件及建设工程施工索赔方面的内容。本书以最新的建设工程法律、法规、标准、规范为依据,结合工程招标投标与合同管理的实际操作程序和实务组织教材内容。

　　本书列举了大量的案例,特别注重招标投标与合同管理在建设工程中的运用,强调理论知识与工程实践的结合,体现了较强的理论性、实用性和可操作性。

　　本书由余琳琳担任主编。具体的编写分工如下:湖北商贸学院的伍文文老师编写第一章;湖北商贸学院的卢娜娜老师编写第五章;其他章节由余琳琳编写。

　　本书在编写过程中,参考了相关资料和论著,并吸收了其中一些最新的研究成果,在此谨向所有文献作者致谢!

　　由于编者学识水平有限,加上时间仓促,书中难免存在疏漏和不足之处,恳请读者批评指正。

编　者

2018 年 5 月

目　录

第一章 绪 论

【学习要点】

了解工程承发包的概念、内容和方式,学习市场的概念、主体、客体和市场规则,了解建筑市场基本概念和特征,掌握建筑市场对主体的资质要求和建设工程交易中心的基本功能和性质。熟悉招标投标的基本含义,了解招标投标的产生与发展,掌握招标投标法的概念和适用范围。

第一节 建设工程承发包

一、工程承发包的概念及工程承发包的发展历史

1. 工程承发包的概念

承发包是一种交易行为,是指交易的一方负责为交易的另一方完成某项工作或供应一批货物,并按一定的价格取得相应报酬的一种交易。委托任务并负责支付报酬的一方称为发包人;接受任务并负责按时完成而取得报酬的一方称为承包人。

承发包双方通过签订合同或协议,予以明确发包人和承包人之间在经济上的权利与义务等关系,且具有法律效力。

工程承发包是指建设企业(承包商)作为承包人(称乙方),建设单位(业主)作为发包人(称甲方),由甲方把建设工程任务委托给乙方,且双方在平等互利的基础上签订工程合同,明确各自的经济责任、权利和义务,以保证工作任务在合同造价内按期按量地全面完成。

2. 工程承发包业务的形成与发展

(1)国际工程承发包业务的形成与发展

19世纪末,发达的资本主义国家为了争夺生产资源而谋取高额建筑工程。到了20世纪70年代,中东地区盛产石油,外汇收入急剧增长。为了改变长期落后的经济面貌,这些国家大兴土木,进行国内各项经济建设,这无疑为当时已经发展成熟的资本主义国家的建筑承包商提供了难得的市场空间。从20世纪80年代开始,东亚和东南亚地区经济发展较快,促进了本国建筑业的高速发展,吸引了许多西方建筑公司的参与,这又促进了国际建筑市场的发展。

近些年来,我国大力开展铁路、公路、水利、燃气、电力等方面的基础设施建设,也吸引了许多国外承包商纷纷来我国进行工程承包。

（2）国内工程承发包业务的形成与发展

我国建筑工程承发包业务起步较晚，但发展速度较快，大致可划分为以下四个阶段：

① 从19世纪80年代起，在上海开办了一些营造厂（建筑企业）。

② 新中国成立后，由于国家建设的需要，建设任务极其庞大，建筑业有了很大的发展。

③ 1958—1976年，由于受"左"的思想影响，把工程承包方式当作资本主义经营方式进行批判，取消和废除了承包制、合同制、法定利润和甲乙方关系，建立了现场指挥部等管理体制。这实际上不承认建筑企业是一个物质生产部门，不承认建筑产品是商品。由于上述错误做法违背了建筑业生产的客观经济规律，因此，施工行业成了来料加工、提供劳务的松散行业，在此期间施工企业处于徘徊不前的状态。

④ 1978年至今，在我国改革开放的方针政策指导下，认真总结经验教训，在建筑业率先实行了体制改革。

二、工程承发包的内容

工程承发包的内容是整个建设过程各个阶段的全部工作，可以分为工程项目的项目建议书、可行性研究、勘察设计、材料及设备的采购供应、建筑安装工程施工、生产准备以及工程监理阶段的工作。

（1）项目建议书

项目建议书是建设单位向国家有关主管部门提出要求建设某一项目的建设性文件，其主要内容为项目的性质、用途、基本内容、建设规模，以及项目的必要性和可行性分析等。

（2）可行性研究

项目建议书经批准后，应进行项目的可行性研究。可行性研究是国内外广泛采用的一种研究工程建设项目的技术先进性、经济合理性和建设可能性的科学方法。

（3）勘察设计

勘察与设计两者之间既有密切联系，又有显著的区别。

① 工程勘察：其主要内容为工程测量、水文地质勘察和工程地质勘察。其任务是查明工程项目建设地点的地形地貌、地层土壤岩性、地质构造、水文条件等自然地质条件，并做出鉴定和综合评价，为建设项目的选址、工程设计和施工提供科学的依据。

② 工程设计：工程设计是工程建设的重要环节，它是从技术上和经济上对拟建工程进行全面规划的工作。大中型项目一般采用两阶段设计，即初步设计和施工图设计；重大型项目和特殊项目一般采用三阶段设计，即初步设计、技术设计和施工图设计。

（4）材料及设备的采购供应

建设项目必需的设备和材料，涉及面广、品种多、数量大。设备和材料采购供应是工程建设过程中的重要环节。

建筑材料的采购供应方式有公开招标、询价报价、直接采购等。

设备供应方式有委托承包、设备包干、招标投标等。

（5）建筑安装工程施工

建筑安装工程施工是工程建设过程中的一个重要环节，是把设计图纸付诸实施的决定性阶段。

（6）生产准备

基本建设的最终目的，就是形成新的生产能力。为了使新建项目建成后投入生产、交付使用，在建设期间就要准备合格的生产技术工人和配套的管理人员。

（7）工程监理

建设工程监理作为一项新兴的承包业务，近年逐渐发展起来。

三、工程承发包方式

工程承发包方式，是指导发包人与承包人双方之间的经济关系形式，从承发包的范围、承包人所处的地位、合同计价方式、获得任务的途径等不同的角度，可以对工程承发包方式进行不同的分类，其主要分类为：

一是按承发包范围划分，工程承发包方式可分为建设全过程承发包、阶段承发包和专项（业）承发包。阶段承发包和专项承发包方式还可划分为包工包料、包工部分包料、包工不包料三种方式。

二是按承包人所处的地位划分，工程承发包方式可分为总承包、分承包、独立承包、联合承包和直接承包。

三是按合同计价方法划分，工程承发包方式可分为固定总价合同、计量估价合同、单价合同、成本加酬金合同以及按投资总额或承包工程量计取酬金的合同。

四是按获得承包任务的途径划分，工程承发包方式可分为计划分配、投标竞争、委托承包和指令承包。

1. 按承发包范围划分承发包方式

（1）建设全过程承发包

建设全过程承发包又叫统包、一揽子承包、交钥匙合同。它是指发包人一般只要提出使用要求、竣工期限或对其他重大决策性问题做出决定，承包人就可对项目建议书、可行性研究、勘察设计、材料设备采购、建筑安装工程施工、职工培训、竣工验收，直至投产使用和建设后评估等全过程全面总承包，并负责对各项分包任务和必要时被吸收参与工程建设有关工作的发包人的部分力量进行统一组织、协调和管理。

建设全过程承发包主要适用于大中型建设项目。

（2）阶段承发包

它是指发包人、承包人就建设过程中某一阶段或某些阶段的工作（如勘察、设计或施工、材料设备供应等）进行发包承包。

（3）专项承发包

它是指发包人、承包人就某建设阶段中的一个或几个专门项目进行发包承包。

专项承发包主要适用于可行性研究阶段的辅助研究项目；勘察设计阶段的工程地质勘察、供水水源勘察，基础或结构工程设计、工艺设计，供电系统、空调系统及防灾系统的设计；施工阶段的深基础施工、金属结构制作和安装、通风设备和电梯安装等建设准备阶段的设备选购和生产技术人员培训等专门项目。

2. 按承包人所处的地位划分承发包方式

（1）总承包

总承包简称总包，是指发包人将一个建设项目建设全过程或其中某个、某几个阶段的全部工作发包给一个承包人承包，该承包人可以将在自己承包范围内的若干专业性工作再分包给不同的专业承包人去完成，并对其统一协调和监督管理。

各专业承包人只同总承包人发生直接关系，不与发包人发生直接关系。

总承包主要有两种情况：一是建设全过程总承包；二是建设阶段总承包。采用总承包方式时，可以根据工程具体情况将工程总承包任务发包给有实力的具有相应资质的咨询公司、勘察设计单位、施工企业以及设计施工一体化的大建筑公司等承担。

（2）分承包

分承包简称分包，是相对于总承包而言的，指从总承包人承包范围内分包某一分项工程（如土方、模板、钢筋等）或某一专业工程（如钢结构制作和安装、电梯安装、卫生设备安装等）。

分承包人不与发包人发生直接关系，而只对总承包人负责，在现场由总承包人统筹安排其活动。分承包人承包的工程不是总承包范围内的主体结构工程或主要部分（关键性部分），主体结构工程或主要部分必须由总承包人自行完成。

分承包主要有两种情形：一是总承包合同给定的分包，二是总承包合同未约定的分包。

（3）独立承包

它是指人依靠自身力量自行完成任务的承发包方式。此方式主要适用于技术要求比较简单、规模不大的工程项目。

（4）联合承包

联合承包是相对于独立承包而言的，指发包人将一项工程任务发包给两个以上承包人，由这些承包人联合共同承包。联合承包主要适用于大型或结构复杂的工程。参加联营的各方都是各自独立经营的企业，只是就共同承包的工程项目必须事先达成联合协议，以明确各个联合承包人的权利和义务，包括投入的资金数额、工人和管理人员的派遣、机械设备种类、临时设施的费用分摊、利润的分享以及风险的分担等。

3. 按合同计价方法划分承发包方式

（1）固定总价合同

固定总价合同又称总价合同，是指发包人要求承包人按商定的总价承包工程。这种方式通常适用于规模较小、风险不大、技术简单、工期较短的工程。

这种方式的优点是，因为有图纸和工程说明书为依据，发包人、承包人都能较准确地估算工程造价，发包人容易选择最优承包人。其缺点主要是对承包商有一定的风险，因为如果设计图纸和说明书不太详细，未知数比较多，或者遇到材料突然涨价、地质条件变化和气候条件恶劣等意外情况，承包人承担的风险就会增大，风险费加大不利于降低工程造价，最终对发包人也不利。

（2）计量估价合同

它是指以工程量清单和单价表为计算承包价依据的承发包方式。这种承发包方式，结算时单价一般不能变化,但工程量可以按实际工程量计算,承包人承担的风险较小,操作起来也比较方便。

(3)单价合同

它是指以工程单价结算工程价款的承发包方式。其特点是,工程量实量实算,以实际完成的数量乘以单价结算。

具体包括以下两种类型:

① 按分部分项工程单价承包。即由发包人列出分部分项工程名称和计量单位,由承包人逐项填报单价,经双方磋商确定承包单位,然后签订合同,并根据实际完成的数量,按照填报的单价结算工程价款。这种承包方式主要适用于没有施工图、工程量不明而且需要开工的工程。

② 按最终产品单价承包。即按每平方米住宅、每平方米道路等最终产品的单价承包。其报价方式与按分部分项单价承包相同。这种承包方式通常适用于采用标准设计的住宅、宿舍和通用厂房等房屋建筑工程。

(4)成本加酬金合同

成本加酬金合同又称成本补偿合同,是指按工程实际发生的成本结算外,发包人另加上商定好的一笔酬金(总管理费和利润)支付给承包人的一种承发包方式。

工程实际发生的成本主要包括人工费、材料费、施工机械使用费、其他直接费和现场经费以及各项独立费等。

其主要的做法有:成本加固定酬金、成本加固定百分比酬金、成本加浮动酬金、目标成本加奖罚等。

① 成本加固定酬金。这种承包方式工程成本实报实销,但酬金是事先商量好的一个固定数目。

② 成本加固定百分比酬金。这种承包方式工程成本实报实销,但酬金是事先商量好的,以工程成本的一个百分比来计算。

③ 成本加浮动酬金。这种承包方式的做法,通常是由双方事先商定工程成本和酬金的预期成本,工程造价就是成本加固定酬金;如果实际成本恰好等于预期成本,工程造价就是成本加固定酬金;如果实际成本低于预期成本,则增加酬金;如果实际成本高于预期成本,则减少酬金。

采用这种承包方式,优点是对发包人、承包人双方都没有太大风险,同时也能促使承包商降低和缩短工期。缺点是在实践中估算预期成本比较困难,要求承发包双方具有丰富的经验。

④目标成本加奖罚。这种承包方式是在初步设计结束后,工程迫切开工的情况下,根据粗略估算的工程量和适当的概算单价表编制概算,作为目标成本,随着设计逐步具体化,目标成本可以调整。另外以目标成本为基础规定一个百分比作为酬金,最后结算时,如果实际成本高于目标成本并超过事先商定的界限(例如5%)则减少酬金,如果实际成本低于目标成本(也有一个事先商定的界限)则增加酬金。还可另加工期奖罚。

这种承发包方式的优点是可促使承包商关心降低成本和缩短工期,而且,由于目标成本是随设计的进展而加以调整才确定下来的,所以,发包人、承包人双方都不会承担过大风险。缺点是目标成本的确定较困难,要求发包人、承包人都须具有比较丰富的经验。

(5)按投资总额或承包工程量计取酬金的合同

这种方式主要适用于可行性研究、勘察设计和材料设备采购供应等各项承包业务。

第二节 建筑市场

【引例】

某项工程存在应招标而未招标,无施工资质证承接施工业务,工程不报建,不依法办理工程质量监督,不依法办理施工许可证手续等违法违规行为,该市建设局依法对该项工程进行查处。工程应立即停工,对建设单位的直接负责人和无证施工的直接责任人罚款,并对无证施工的队伍坚决予以取缔,建设单位应重新选择有资质的施工队进场施工。

通过上述案例,请思考我国是如何对建筑市场进行有效管理的?目前我国建筑市场主要存在哪些问题?

一、市场与建筑市场

1. 市场的概念

市场是社会分工和商品交换的产物,属于商品经济的范畴。在商品经济早期阶段,市场就是指货物聚散、进行买卖活动的场所。商品市场有狭义和广义之分:狭义的市场仅指有形市场,是商品交换的场所;广义的市场包括有形市场和无形市场,是商品交换的总和,贯穿于整个交换过程。

有形市场是商品买卖双方的交易行为,在固定场所内进行。它是最早意义上的市场形式,如农贸市场、建材市场、商店、购物中心和展销会等。

无形市场是指没有固定交易场所,依靠广告、中间商及其他形式沟通买卖双方,实现商品交换的市场,如工程咨询服务机构和房地产中介等。

2. 市场构成的基本要素

市场的有效运行依赖于构成市场各个要素的有机联系和相辅相成,只有各个构成要素协调发展,才能使整个市场有条不紊地运行。总体来看,构成市场的基本要素包括以下几个部分。

(1)市场主体

市场主体是指在市场上从事生产和交换活动的当事人,包括提供商品的卖方和具有购物欲望和购买能力的买方,还有为完成交换而提供服务的其他机构和组织。现就各类市场主体介绍如下。

① 自然人,是基于出生而依法成为民事法律关系主体的人。自然人既包括公民,又包括外国人和无国籍的人。

② 法人,是具有民事权利能力和民事行为能力,依法独立享有民事权利和承担民事义务的组织。依据法人是否具有营利性,把法人分为企业法人和非企业法人两大类。

一是企业法人。从我国实际社会经济生活来看,企业法人有国有企业法人、集体企业法人、私营企业法人、联合企业法人、中外合资企业法人、中外合作企业法人、外资企业法人、股份有限公司法人和有限责任公司法人等。在工程建设活动中,企业法人的主要表现形式为施工企业。

二是非企业法人。非企业法人是为了实现国家对社会的管理及其他公益目的而设立的国家机关、事业单位或社会团体。非企业法人包括机关法人(国家权力机关、行政机关、审判机关、检察机关、军事机关、党政机关等),事业单位法人(文化、教育、卫生、体育、科学、新闻、广播、电视等事业单位),社会团体法人(协会、学会、联合会、研究会、基金会、教会、商会等)。具备法人条件并经核准登记,都可以成为社会团体法人。

③ 其他组织,是指依法或者依据有关政策成立,有一定的组织机构和财产,但又不具备法人资格的各类组织。我国学术界对非法人组织的分类一般如下:第一类是非法人企业,包括非法人私营企业、合伙企业、非法人集体企业、非法人外商投资企业以及企业集团;第二类是非法人公益团体,包括非法人机关事业单位、社会团体等;第三类是其他特殊组织,包括筹建中的法人组织、债权人会议及清算组织等。

(2)市场客体

市场客体是指可供交换的商品。这里的商品既包括有形的物资产品,如各种生活资料、机械等;也包括无形服务及各种商品化了的资源要素,如资金、技术、信息和劳动力等。市场活动的基本内容是商品交换,具备一定量的可供交换的商品,是市场存在的物质基础。

(3)具备买卖双方都能接受的交易价格、行为规范及其他条件

在整个交易过程中,交易价格是买卖双方考虑商品交换的主要原因,而供求关系又是影响价格变化的重要因素。但在价值决定价格的前提下,供求关系的影响并不是决定性因素。除了供求关系外,还有如场所、信息、储运、保管、信用、保险、资金渠道、服务等条件,只有具备这些条件才能实现商品的让渡,形成有意义的现实市场。而这些形成市场的现实条件,就成为市场活动最基本的制约因素。

3. 市场的基本特征

在市场的交易过程中,交易各方存在着实物和价值上的经济联系,这种联系体现了交易各方的经济利益,它决定市场具有以下五个特征。

(1)平等性

平等性是指参与市场活动的主体具有平等的市场地位。主要体现为市场主体有均等机会进入市场,并能够自主经营;市场主体能均等地按市场价格取得所需商品;市场主体能平等地承担税负;市场主体在法律和经济往来中处于平等地位,拥有相应的权利和承担相应的义务。交易的平等和自由必须由法律加以保护,才能保证平等交换的契约关系,才能保证市场活动的正常进行。

(2)自主性

作为独立的商品生产者和经营者,必须自主经营、自负盈亏,要自主地对市场供求、竞争和价格变化做出灵敏的反应。自主性体现为拥有独立的商品生产经营自主权,也就是指企业享有生产经营决策权,产品、劳务定价权,产品销售权,进出口权,投资决策权和人事管理权等权利。作为市场主体,应承担经营风险,具有市场上进行交易的高度自主权。

（3）完整性

市场体系是相互联系的各类市场的有机统一体，包括生活资料市场、生产资料市场、劳动力市场、金融市场、技术市场、信息市场等，它们相互联系，相互制约，推动整个社会经济的发展。市场必须具有比较完善的市场体系，才能有效发挥资源配置的功能。完善的市场体系是供求、竞争和价格机制发挥调节作用的前提。完善的市场体系应具有齐全的商品市场和生产要素市场、众多的买者和卖者、全国范围内的统一市场、价格能真实反映资源稀缺状况、与国际市场密切联系等条件。

（4）开放性

在市场经济条件下，建立起了各种市场，形成了统一开放的市场体系，由市场形成价格，保证各种商品和生产要素的自由流动，保证各种性质、规模和形式的企业都能自由参与市场活动。开放的市场是资源合理流动的必要条件，是市场有效发挥作用的前提条件。

（5）竞争性

市场经济实质上是一种竞争经济，竞争是市场运行的突出特点。市场主体平等进入市场，从事交易活动，凭借自身的技术、经济实力开展全方位竞争，经过公平竞争，实现优胜劣汰。

4. 市场功能

市场功能是市场机体所具有的客观作用。从市场活动的基本内容来看具有以下五大功能。

（1）交换功能

市场活动的中心内容是商品交换，市场是实现交换的场所，是人们彼此发生交换活动和经济联系的场所，是实现商品的使用价值和价值转移的场所。

（2）调节功能

调节功能是指市场在内在机制作用下，自动调节社会经济的运行过程和社会资源在国民经济各部门、各地区、各企业之间的分配，即按照市场要求组织生产经营活动。市场调节功能是通过价值规律、供求规律、竞争规律和价格机制来实现的。

（3）信息导向功能

市场向商品经营者、需求者发布各种信息，直接指导其经济活动。市场是最重要、最灵敏的经济信息源和汇集点。市场发布的信息主要有供求信息、价格信息、信贷信息和利率信息等。

（4）资源配置功能

社会资源以市场机制为基础自动实现优化配置。这是由于商品生产者要按市场需求组织生产经营活动，生产资料需求过多，导致价格上涨，导致商品生产成本增加，商品售价提高。这就压制了商品需求，如此反复，实现了供求平衡。

（5）经济联动功能

市场是国民经济的桥梁和纽带，它将各部门、各行业、各地区、各企业联系在一起，使各行业的生产、服务与最终的居民消费形成良好的链条结构，以保证国民经济正常运转。市场也是国际社会经济活动交往和汇集的场所，从而推动经济全球化。

5. 建筑市场的概念

建筑市场是指进行建筑商品及相关要素交换的市场,是市场体系中的重要组成部分,它是以建筑产品的承发包活动为主要内容的市场,是建筑产品和有关服务的交换关系的总和。

建筑市场有广义的市场和狭义的市场之分。狭义的建筑市场一般指以建筑产品为交换内容的市场,是建设项目的建设单位和建筑产品的供给者通过招标投标的方式进行承发包的商品交换关系。广义的市场指除了以建筑产品为交换内容外,还包括与建设产品的生产和交换密切相关的勘察设计市场、劳动力市场、建筑生产资料市场、建筑资金市场和建筑技术服务市场等。

6. 建筑市场的特征

由于建筑产品是一种特殊的商品,具有生产周期长,价值量大,生产过程的不同阶段对承包方的能力和特点要求不同等特点,决定了建设市场交易贯穿于建筑产品生产的整个过程,从工程建设的决策、设计、施工,一直到工程竣工、保修期结束,发包人与承包商、分包商进行的各种交易以及相关的交易活动交织在一起,使得建筑市场在许多方面不同于其他产品市场。

(1)建筑市场交换关系的复杂性

建筑商品的形成过程涉及买方、地质勘察方、设计方、施工方、分包商、中介机构等单位的经济利益;建筑产品的位置、施工和使用影响到城市的规划、环境和人身安全。这就要求用户、设计和施工等单位按照基本建设程序和国家的法律法规组织实施,确保利益实现。

(2)建筑市场交易的直接性

在一般的商品市场中,由于交换的商品具有间接性、可替换性和可移动性,供给者可以预先进行生产然后通过批发、零售环节进入市场。建筑产品则不同,只能按照客户的具体要求,在指定的地点为其建造某种特定的建筑物。因此,建筑市场上的交易只能由需求者和供给者直接见面,进行预先订货式的交易,先成交,后生产,无法经过中间环节。

(3)建筑产品交易的长期性

一般商品的交易基本上是"一手交钱,一手交货",交易过程较短。由于建筑产品的周期长,价值巨大,供给者也无法以足够资金投入生产,因而大多采用分阶段按实施进度付款,待交货后再结清全部款项的方式。因此,双方在确立交易条件时,重点关注的是分期付款与分期交货的条件。

(4)建筑市场有着显著的地区性

这一特点是由建筑产品的地域特性所决定的。对于建筑产品的供给者来说,大规模的流动必然会造成生产成本的增加,它们通常会选择在一个相对稳定的地理区域内经营。这使得供给者和需求者之间的选择具有一定的局限性,通常只能在一定范围内确定相互之间的交易关系。

(5)建筑市场交易的特殊性

① 主要交易对象单件性。由于建筑产品的多样性使建筑产品不能实现批量生产,建筑市场不可能出现相同的建筑商品,因而建筑商品在交易中没有挑选机会只能是单件

交易。

② 交易价格的特殊性。建筑产品的单件性要求每件定价,定价形式多样,如单价制、总价制等。由于建筑产品价值量大,少则数十万元,多则上百亿元,因此价格结付方式多样,如预付制、按月结算、竣工后一次性结算、分阶段结算等。

③ 交易活动的不可逆转性。建筑市场交易关系一旦形成,设计、施工等承包必须按约定履行义务,工程竣工后不可能再退换。

(6)建筑市场的风险较大

建筑市场不仅对供给者有风险,对需求者也有风险。

首先,从建筑产品供给这方面来看,建筑产品的市场风险主要表现在以下几个方面。

① 定价风险。由于建筑市场中的供给方面的可代替性很大,故市场的竞争主要表现为价格的竞争:定价过高就意味着竞争失败,招揽不到生产任务;定价过低则可能导致企业亏损,甚至破产。

② 建筑产品是先定价格、后生产,生产周期长,不确定因素多。例如,气候、地质、环境的变化,需求者的支付能力,以及国家的宏观经济形势等,都可能对建筑产品的生产产生不利的影响,甚至是严重不利的影响。

③ 需求者支付能力的风险。建筑产品的价值巨大,其生产过程中的干扰因素可能使生产成本和价格升高,从而超过需求者的支付能力;或因贷款条件而使需求者筹措资金发生困难。上述种种情形,都有可能出现需求者对生产者已完成的阶段产品或部分产品产生拖延支付甚至中断支付的情况。

其次,从建筑产品需求者来看,建筑市场的风险主要表现在以下几个方面。

① 价格与质量的矛盾。如上所述,建筑产品的需求者往往希望在产品功能和质量一定的条件下价格尽可能低,从而可能使需求者和供给者对最终产品的质量标准产生理解上的分歧,而当建筑产品的内容更复杂时,分歧的概率更大。

②价格与交货时间的矛盾。建筑产品的需求者往往对建筑产品生产周期中的不确定因素估计不足,提出的交货日期有时并不现实。而供给方为达成交易,当然也接受这一不公平条件,但却会有相应的对策,如抓住发包人未能完全履行合同义务的漏洞,从而尽力将合同条件变得有利于自己。

③预付工程款的风险。由于建筑产品的价值巨大,且多为转移价值部分,供给者一般无力垫付巨额生产资金,需求者向供给者预付一笔工程款已形成一种惯例和制度。这可能给那些既无信誉又无经营实力的企业带来可乘之机,从而给需求者带来严重的经济损失。

【特别提示】

工程预付款:指施工承包企业承包工程(指实行包工包料的工程),需要有一定数量的备料周转金,由建设单位在开工前拨给施工企业一定数额的预付备料款,构成施工企业为该承包工程储备和准备主要材料、结构件所需的流动资金。

我国《建设工程价款结算暂行办法》,对工程预付款结算规定如下:

(1)包工包料工程的预付款按合同约定拨付,原则上预付比例不低于合同金额的10%,不高于合同金额的30%,对重大工程项目,按年度工程计划逐年预付,计价执行《建设工程工程量清单计价规范》(GB 50500—2013)的工程,实体性消耗和非实体性消耗部分应在合同中分别约定预付款比例。

(2)在具备施工条件的前提下,发包人应在双方签订合同后的 1 个月内或在不迟于约定的开工日期前的 7 天内预付工程款,发包人不按约定预付,承包人应在预付期限到期后 10 天内向发包人发出要求预付的通知,发包人收到通知后仍不按要求预付,承包人可在发出通知 14 天后停止施工,发包人应从约定应付之日起向承包人支付应付款利息(利率按同期银行贷款利率计),并承担违约责任。

(3)预付的工程款必须在合同中约定抵扣方式,并从工程进度款中抵扣。

(4)凡是没有签订合同或不具备施工条件的工程,发包人不得预付工程款,不得以预付款为名转移资金。

(7)建筑市场竞争激烈

由于建筑业生产要素的集中程度远远低于资金、技术密集型产业,因此,在建筑市场中,建筑产品生产者之间竞争较为激烈。而且,由于建筑产品具有不可代替性,生产者基本上是被动地去适应需求者的要求,需求者相对而言处于主导地位,甚至处于相对垄断地位,这加剧了建筑市场竞争的激烈程度。

二、建筑市场主体和客体

建筑市场是由许多基本要素组成的有机整体,这些要素之间互相联系和互相作用,推动市场有效运转。

1. 建筑市场的主体

建筑市场的主体是指参与建筑生产交易过程的各方,主要有业主(建设单位或发包人),承包商(勘察、设计、施工和材料供应),工程咨询服务机构(咨询、监理)等。

(1)发包人

发包人有时称为发包单位、建设单位或业主、项目法人。它是指既有某项工程建设需求,又具有该项工程的建设资金和各种准建手续,在建筑市场中发包工程项目建设的勘察、设计、施工任务,并最终得到建筑产品,达到其投资目的的法人、其他组织和自然人。发包人可以是各级政府、企事业单位,也可以是房地产开发公司和个人。

发包人在项目建设过程中的主要职能是:建设项目立项决策;建设项目的资金筹措与管理;办理建设项目的有关手续(如征地、建筑许可等);建设项目的招标与合同管理;建设项目的施工与质量管理;建设项目的竣工验收和运行;建设项目的统计及文档管理。

(2)承包商

承包商是指有一定数量的建筑装备、流动资金、工程技术人员、经济管理人员及一定数量的工人,且取得建设行业相应资质证书和营业执照,能够按照业主的要求提供不同形态的建筑产品并最终得到相应工程价款的建筑施工企业。

承包商从事建设生产,一般须具备四个方面的条件:

① 拥有符合国家规定的注册资本;

② 拥有与其资质等级相适应且具有注册资格的专业技术和管理人员;

③ 有从事相应建筑活动所应有的技术装备；

④ 经资格审查合格，已取得资质证书和营业执照。

承包商按其所从事的专业可分为土建、水电、道路、港口、市政工程等专业公司。在市场经济条件下，承包商需要通过市场竞争（投标）取得施工项目，需要依靠自身的实力去赢得市场。承包商的实力主要包括四个方面：技术方面的实力、经济方面的实力、管理方面的实力、信誉方面的实力。

（3）工程咨询服务机构

工程咨询服务机构是指具有一定注册资金，具有一定数量的工程技术人员、经济管理人员，取得建设咨询证书和营业执照，能为工程建设提供估算测量、管理咨询、建设监理等智力型服务并获取相应费用的企业。

工程咨询服务企业包括勘察设计机构、工程造价（测量）咨询单位、招标代理机构、工程监理公司、工程管理公司等。咨询任务可以贯穿于从项目立项到竣工验收乃至使用阶段的整个项目建设过程，也可只限于其中某个阶段。

2. 建筑市场的客体

建筑市场的客体，一般称作建筑产品，是建筑市场的交易对象。建筑市场的交易对象既包括有形建筑产品——建筑物、构筑物，也包括无形产品——咨询、监理等智力型服务。在不同的生产交易阶段，建筑产品表现为不同的形态。它可以是中介机构提供的咨询报告、咨询意见或其他服务；可以是生产厂家提供的混凝土构件、非标准预制件等产品；也可以是施工企业提供的最终产品——各种各样的建筑物和构筑物。

这里的建筑产品是指施工企业提供的建筑物和构筑物。在商品经济条件下，建筑企业生产的产品大多是为了交换而生产的，建筑产品即商品，但其具有以下与其他商品不同的特点。

（1）建筑产品的固定性和生产过程的流动性。与工农业产品不同，建筑产品一旦开始生产就只能在建造地点发挥作用。它的基础与作为地基的土地直接发生关系，以大地作为"基础的基础"，如房屋、桥梁等建成后不能移动；还有一些建筑业产品本身就是土地不可分割的一部分，如油气田、地下铁路、水库等。

（2）建筑产品的单件性。建筑产品的功能要求是多种多样的，使每个建筑或构筑物都有其独特的形式和独特的结构，因而需要单独设计。即使功能要求相同，建筑类型相似，但由于地形、地质、水文、气象等自然条件不同以及交通运输、材料供应等社会条件不同，在建造时，往往也需要对设计图纸及施工方法、施工组织等做相应的修改。由于建筑产品具有多样性，因而可以说建筑产品具有单件性的特点。

（3）建筑产品的整体性和分部分项工程的相对独立性。建筑产品在建造过程中所消耗的材料是十分惊人的，不仅数量大而且品种、规格繁多。同时，使用者还要在建筑产品内部布置各种生产和生活需要的设备与用具，并且要在其中进行生产和生活活动，因而同一价值的建筑产品和其他产品相比，其所占的空间要大得多。

（4）建筑生产的不可逆性。建筑产品一旦进入生产阶段，其产品不可能退换，也难以重新建造。否则双方都将承担极大的损失。所以，建筑生产的最终产品质量是由各阶段成果的质量决定的。设计、施工必须按照规范和标准进行，才能保证生产出合格的建筑产品。

(5)建筑产品的社会性。由于建筑产品工程量巨大,消耗的人力和物力极多。建筑材料消耗量占社会消耗量的比例大致为:钢材 30％、水泥 70％、玻璃 60％、塑料制品 25％、运输 8％等。人力大致为每平方米房屋建筑面积约 4 个工日。建筑工程的生产周期长达数月甚至数年,使庞大的资金呆滞在生产过程中,只有投入,没有产出。在如此之长的时间内,投资可能受到物价涨落、国内国际形势等影响,因而投资管理也越加重要。基于这一点,建筑市场与国民经济的发展息息相关。

(6)建筑产品的整体性和施工生产的专业性。在建筑产品技术含量越来越高的情况下,需要由土建、安装和装饰等专业化施工企业分包来完成整个工程,因而产生了总包和分包的承包形式。

3. 建筑市场的资质管理

建筑活动的专业性及技术性都很强,而且建设工程投资大,周期长,一旦发生问题,将给社会和人民的生命财产安全造成极大损失。因此,为保证建设工程的质量和安全,对从事建设活动的单位和专业技术人员必须进行从业资格管理,即实施资质管理制度。资质管理是指对从事建设工程的单位进行审查,以保障建设工程的安全和质量符合我国相关法律法规的规定。从事建筑活动的建筑施工企业、勘察设计单位和工程监理单位,按照其拥有的注册资本、专业技术人员、技术装备和已完成的建筑工程业绩等资质条件,划分为不同的资质等级,经资质审查合格,取得相应等级的资质证书后,方可在其资质等级许可的范围内从事建筑活动。

建筑市场中的资质管理包括两类:一类是对从业企业的资质管理;另一类是对专业人士的资格管理。

(1)从业企业资质管理

在建筑市场中,围绕工程建设活动的主体主要是业主方、承包方(包括供应商)勘察设计单位和工程咨询机构。

① 工程勘察设计企业资质管理

我国建设工程勘察设计资质分为工程勘察资质、工程设计资质。工程勘察资质分为工程勘察综合资质、工程勘察专业资质和工程勘察劳务资质;工程设计资质分为工程设计综合资质、工程设计行业资质和工程设计专项资质。建设工程勘察、设计企业应当按照其拥有的注册资本、专业技术人员、技术装备和勘察设计业绩等条件申请资质,经审查合格,取得建设工程勘察、设计资质证书,方可在资质等级许可的范围内从事建设工程勘察设计活动。

② 建筑业企业(承包商)资质管理

建筑业企业(承包商)是指从事土木工程、建筑工程、线路管道及设备安装工程、装修工程等的新建、扩建、改建活动的企业。

我国的建筑业企业分为施工总承包企业、专业承包企业和劳务分包企业。施工总承包企事业按工程性质分为房屋、公路、铁路、港口、水利、电力、矿山、冶金、石油化工、市政公用、通信、机电等 12 个类别,专业承包企业根据工程性质和技术特点可划分为 36 个类别,见表 1-1 所列。

表 1-1 建筑业企业资质序列及类别

序号	资质序列	资质类别
1	施工总承包资质	分为12个类别,分别是:建筑工程、公路工程、铁路工程、港口与航道工程、水利水电工程、电力工程、矿山工程、冶炼工程、石油化工工程、市政公用工程、通信工程、机电工程
2	专业承包资质	分为36个类别,包括地基基础工程、建筑装修装饰工程、建筑幕墙工程、钢结构工程、防水防腐保温工程、预拌混凝土、设备安装工程、电子与智能化工程、桥梁工程等
3	施工劳务资质	施工劳务序列不分类别

工程施工总承包企业资质等级分为特、一、二、三级,施工专业承包企业资质等级分为一、二、三级,劳务分包企业资质等级分为一、二级,见表 1-2 所列。这三类企业的资质等级标准,由国家建设部统一组织制定和发布。

表 1-2 房屋建筑工程施工总承包企业承包工程范围

序号	企业资质	承包工程范围
1	特级	可承担各类建筑工程的施工
2	一级	可承担单项合同额 3000 万元以上的下列建筑工程的施工: (1)高度 200m 及以下的工业、民用建筑工程; (2)高度 240m 及以下的构筑物工程
3	二级	可承担下列建筑工程的施工: (1)高度 200m 及以下的工业、民用建筑工程; (2)高度 120m 及以下的构筑物工程; (3)建筑面积 40000m² 及以下的单体工业、民用建筑工程; (4)单跨跨度 39m 及以下的建筑工程
4	三级	可承担下列建筑工程的施工: (1)高度 50m 以内的建筑工程; (2)高度 70m 及以下的构筑物工程; (3)建筑面积 12000m² 及以下的单体工业、民用建筑工程; (4)单跨跨度 27m 及以下的建筑工程

③ 工程咨询单位资质管理

我国对工程咨询单位也实行资质管理。目前已有明确资质等级评定条件的有工程监理、招标代理、工程造价等咨询机构。

工程监理企业,其资质等级划分为甲级、乙级和丙级三个级别。

工程招标代理机构,其资质等级划分为甲级和乙级。

工程造价咨询机构,其资质等级划分为甲级和乙级。

工程咨询单位的资质评定条件包括注册资金、专业技术人员和业绩三方面的内容,不同资质等级的标准均有具体规定。

（2）专业人士资格管理

在建筑市场中，通常把取得执业资格证书的工程师称为专业人士。建筑行业尽管有完善的建筑法规，但没有专业人士的知识与技能的支持，政府难以对建筑市场进行有效的管理。由于他们的工作水平对工程项目建设成败具有重要的影响，所以对专业人士的资格条件有很高要求。许多国家或地区对专业人士均进行资格管理。

我国专业人士制度是近些年才从发达国家引入的。目前已经确定专业人士的种类有建筑师、结构工程师、造价工程师等。全国资格考试委员会负责组织专业人士的考试，建设行政主管部门负责专业人士的注册。专业人士的资格和注册条件为：大专以上的专业学历、参加全国统一考试且成绩合格、具有相关专业的实践经验即可取得注册工程师资格。

建筑行业从业人员实行从业与执业的双重管理。从业人员一般应具有相应的学历及职称，或经相应技能的培训获得职称证书或上岗证书。而执业资格则是指从业人员具有相应的注册执业资格证书，目前国家已实行的涉及建筑业的主要执业资质如下。

① 施工管理类：一级、二级注册建造师。

② 管理咨询类：注册监理工程师、注册造价工程师、注册安全工程师。

③ 勘察设计类：一级、二级注册建筑师，一级、二级注册结构师，注册设备工程师，注册电气工程师。

④ 一般咨询类：建筑业、服务业、制造业、高科技产业、政府机构等注册咨询师。

三、建筑工程交易中心

建设工程从投资性质上可分为两大类：一类是国家投资项目，另一类是私人投资项目。

我国是以社会主义公有制为主体的国家，政府部门和国有企业、事业单位投资在社会投资中占有主导地位。建设单位使用的资金大多来自国有投资，由于国有资产管理体制的不完善和建设单位内部管理制度的薄弱，很容易造成工程发包中的不正之风和腐败现象。

针对上述情况，近年来我国出现了建设工程交易中心。把所有代表国家或国有企事业单位投资的业主请进建设工程交易中心进行招标，设置专门的监督机构，这是我国解决国有建设项目交易透明度差的问题和加强建筑市场管理的一种独特方式。

1. 建设工程交易中心的性质与作用

（1）建设工程交易中心的性质

建设工程交易中心是服务性机构，不是政府管理部门，也不是下放授权的监督机构，本身并不具备监督管理职能。但建设工程交易中心又不是一般意义上的服务机构，它是服务与管理有机结合的机构。其设立需得到政府或政府授权的主管部门的批准，并非任何单位和个人可随意成立；它不以营利为目的，旨在为建立公开、公正、平等竞争的招标投标制度服务，只可经批准收取一定的服务费，工程交易行为不能在场外发生。

（2）建设工程交易中心的作用

按照我国有关规定，所有建设项目都要在建设工程交易中心内报建、发布招标信息、授予合同、申领施工许可证。招投标活动都需在场内进行,并接受政府有关管理部门的监督。

2. 建设工程交易中心的基本功能

我国的建设工程交易中心是按照以下三大功能进行构建的,见表1-3所列。

(1)信息服务功能

包括收集、存储和发布各类工程信息、法律法规、造价信息、建材价格、承包商信息、咨询单位和专业人士信息等。

(2)场所服务功能

对于政府部门和国有企业、事业单位的投资项目,我国明确规定,一般情况下都必须进行公开招标,只有特殊情况下才允许采用邀请招标。

所有建设项目进行招标投标必须在有形建筑市场内进行,必须由有关管理部门进行监督。

(3)集中办公功能

由于众多建设项目要进入有形建筑市场进行报建、招标交易和有关手续批准,这就要求政府有关建设管理部门进驻工程交易中心集中办理有关审批手续和进行管理,建设行政主管部门的各职能机构也进驻建设工程交易中心。

表 1-3　建设工程交易中心三大功能的服务内容或场所

功能	服务内容或场所	功能	服务内容或场所	功能	服务内容或场所
场所服务	(1)信息发布大厅 (2)洽谈室 (3)开标室 (4)封闭评标室 (5)计算机室 (6)中心办公室 (7)资料室 (8)其他	信息服务	(1)工程信息 (2)法律法规 (3)造价信息 (4)建材价格 (5)承包商信息 (6)专业和劳务分包信息 (7)咨询单位和专业人士信息 (8)中标公示 (9)违规曝光和处罚公告 (10)其他	集中办公	(1)建设项目报建 (2)招标登记 (3)承包商资质审查 (4)合同登记 (5)质量报监 (6)安全报建 (7)发放施工许可证 (8)其他

3. 建设工程交易中心运行的一般程序

(1)建设单位拟建工程经批准立项后,到交易中心办理报建备案手续。

(2)交易中心对已完成报建手续的建设项目公开发布信息。

(3)对建设单位管理建设项目的资格进行审查,凡不符合资格的均须委托具有相应资格的招标代理机构组织招标。

(4)报建工程由招标监督部门依据《中华人民共和国招标投标法》(以下简称《招标投标法》)和有关规定确认招标方式,核定工程类别。

(5)招标人在建设工程交易中心统一发布招标公告,招标公告应当载明招标人的名称和地址,招标项目的性质、数量、实施地点和时间,以及获取招标文件的办法等事项。

(6)经审查凡符合资质条件的投标企业,可根据交易中心发布的建设工程信息,在交易中心申请参加工程交易。

(7)采取公开招标的建设工程,招标单位对提出参加交易申请投标的企业进行资格预审,并将预审结果公开发布,符合条件的投标企业可参加交易活动;采取邀请招标的建设工程,被邀请且符合资质条件的投标企业应不少于3家。

(8)建设工程招标投标活动必须遵循《招标投标法》等有关法律、法规、规章,在交易中心开展开标、评标、定标活动,并服从招标投标管理机构的管理和接受招标投标管理机构的监督。

(9)建设单位与中标单位应在中标通知书签发后立即签订施工合同,合同主要条款必须依照招标文件、投标文件、答疑纪要、中标通知书等内容签订,并在交易中履行合同审查、办理质监、意外保险、领取施工许可证,依据规定缴纳相关费用。

第三节 招标投标及相关法律规范

一、招标投标概述

1. 招标投标的基本含义

招标投标是在市场经济条件下进行工程建设、货物买卖、中介服务等经济活动的一种竞争方式和交易方式,其特征是引入竞争机制以求达成交易协议或订立合同。它是指招标人对工程建设、货物买卖、中介服务等交易业务事先公布采购条件和要求,吸引愿意承接任务的众多投标人参加竞争,招标人按照规定的程序和办法择优选定中标人的活动。从交易过程来看,招标投标必然包括招标和投标两个最基本的环节。没有招标就不会有供应商或者承包商的投标;没有投标,采购人的招标就没有得到响应,也就没有开标、评标、定标、合同签订及履行等后续工作。

招标投标的交易方式在国外已有200多年的历史。由于招标投标具有程序规范、透明度高、公平竞争、择优定标等特点,为实行市场经济的国家的大宗采购活动,特别是使用财政资金等公共资金进行的采购活动普遍采用。

我国招标投标交易方式起步较晚,改革开放以后才被普遍采用。随着改革开放的不断深入和市场经济的迅速发展,引进外资、利用外资、承揽国际工程、利用国外贷款等项目增多,招标投标的涉及面也不断扩大。

2. 招标投标的产生与发展

(1)招标投标的产生

在早期的商品经济时期,个别买主为了获得更多的利润,在开展某项购买业务时,有时会有意识地邀请多个卖主与他接触,以此选出供货价格和质量比较理想的成交对象,这就是招标投标的萌芽。

从历史上看,各国的招标投标制度往往都起始于政府采购。其原因一是政府采购的规模比较大,并且政府也有能力将政府各部门分散的采购集中起来;二是政府的采购需要给供应商平等的竞争机会,政府的采购也需要监督,招标投标制度能够较好地达到这一目的。因此,法制国家一般都要求通过招标的方式进行政府采购,也往往是在政府采购制度中规定招标投标的程序。

(2)我国招标投标的沿革

① 我国招标投标的产生

由于我国的商品经济一直没有得到很好发展,而招标投标实际是成熟商品经济中的一种交易方式,因此,招标投标在我国起步较晚。但有人认为其是改革开放产物,则有失公允。据史料记载,我国最早采用招商比价(招标投标)方式承包工程的是1902年张之洞创办的湖北制革厂,五家营造商参加开价比价,结果张同升以1270.1两白银的开价中标,并签订了以质量保证、施工工期、付款办法为主要内容的承包合同。这是目前可查的我国最早的招标投标活动。后来,1918年汉阳铁厂的两项扩建工程曾在汉口《新闻报》刊登广告,公开招标。到1929年,当时的武汉市采办委员会曾公布招标规则,规定公有建筑大于3000元以上者,均须通过招标决定承办厂商。但在清末和民国时期,并没有形成全国性的招标投标制度。1949年后到改革开放,由于商品经济基本被窒息,招标投标也不可能被采用。

② 改革开放后招标投标的产生和发展

国内建筑业招标于1981年首先在深圳试行,进而推广至全国各地。国内机电设备采购招标于1983年首先在武汉试行,继而在上海等地广泛推广。1985年,国务院决定成立中国机电设备招标中心,并在主要城市建立招标机构;招标投标工作正式纳入政府职能。从那时起,招标投标方式就迅速在各个行业发展起来。

③ 建设工程招标投标的产生和发展

我国招标投标制度是伴随着改革开放而逐步建立并完善的。1984年,国家计委、城乡建设环境保护部联合下发了《建设工程招标投标暂行规定》,倡导实行建设工程招标,我国由此开始推行招投标制度。

1991年11月21日,建设部、国家工商行政管理局联合下发《建筑市场管理规定》,明确提出加强发包管理和承包管理,其中发包管理主要是指工程报建制度与招标制度。在整顿建筑市场的同时,建设部还与国家工商行政管理局一起制订了《建设工程施工合同(示范文本)及其管理办法》,于1991年颁发,以指导工程合同的管理。1992年12月30日,建设部颁发了《工程建设施工招标投标管理办法》。

1994年12月16日建设部、国家体改委再次发出《全面深化建筑市场体制改革的意见》,强调了建筑市场管理环境的治理。文中明确提出大力推行招标投标,强化市场竞争机制。此后,各地也纷纷制订了各自的实施细则,使我国的工程招投标制度趋于完善。

1999年,我国工程招标投标制度面临重大转折。首先是1999年3月15日全国人大通过了《中华人民共和国合同法》,并于同年10月1日起生效实施,由于招标投标是合同订立过程中的两个阶段,因此,该法对招标投标制度产生了重要的影响。其次是1999年8月30日全国人大常委会通过了《中华人民共和国招标投标法》,并于2000年1月1日起施行。这部法律基本上是针对建设工程发包活动而言的,其中大量采用了国际惯例或通用做法,为我国招标投标体制带来了巨大变革。

随后,2000年5月1日,国家计委发布了《工程建设项目招标范围的规模标准规定》;2000年7月1日国家计委又发布了《工程建设项目自行招标试行办法》和《招标公告发布暂行办法》。

2001 年 7 月 5 日,国家计委等七部委联合发布《评标委员会和评标办法暂行规定》。其中有三个重大突破:关于低于成本价的认定标准;关于中标人的确定条件;关于最低价中标。在这里第一次明确了最低价中标的原则。这与国际惯例是接轨的。这一评标定标原则给我国当时的定额管理带来冲击。在这一时期,建设部也连续颁布了第 79 号令《工程建设项目招标代理机构资格认定办法》、第 89 号令《房屋建筑和市政基础设施工程施工招标投标管理办法》以及《房屋建筑和市政基础设施工程施工招标文件范本》(2003年 1 月 1 日施行)、第 107 号令《建筑工程施工发包与承包计价管理办法》(2001 年 11 月)等,对招投标活动及其承发包中的计价工作做出进一步的规范。

20 世纪 90 年代是我国招标投标发展史上重要的阶段,全国的建设工程招标投标管理体系基本形成,为完善我国的招标投标制度打下了坚实的基础。具体表现在以下几个方面:

第一,全国各省、自治区和地级以上城市都相继成立了招标投标监督管理机构,工程招标投标专职管理人员不断壮大,招标投标监督管理水平不断提高。

第二,建设工程交易中心,自 1995 年起在全国各地陆续开始建立,初步形成以招标投标为龙头,相关职能部门相互协作的具有"一站式"管理的建筑市场监督管理新模式。工程交易活动已由无形转为有形,信息公开化和招标程序规范化,有效遏制了工程建设领域的腐败行为,为在全国推行公开招标创造了有利条件。

第三,招标投标进入了新的发展时期。2000 年 1 月 1 日,《中华人民共和国招标投标法》正式施行,招标投标进入了一个新的发展阶段。《招标投标法》颁布后,有关部委又相继出台了与之配套的部门规章,招标投标体制不断完善。

二、招标投标法概述

1. 招标投标法的概念

招标投标法是调整在招标投标活动中产生的社会关系的法律规范的总称。狭义的招标投标法指《中华人民共和国招标投标法》,已由第九届全国人大常委会第十一次会议于 1999 年 8 月 30 日通过,自 2000 年 1 月 1 日起施行。凡在我国境内进行招标采购项目的活动,必须依照该法的规定进行。广义的招标投标法则包括所有调整招标投标活动的法律法规。除《招标投标法》外,还包括《工程建设项目勘察设计招标投标办法》《工程建设项目施工招标投标办法》《招标投标公证程序细则》《机电设备招标投标指南》等部门规章。

2. 招标投标法适用范围

我国《招标投标法》第二条规定,"在中华人民共和国境内进行招标投标活动,适用本法。"这是关于招标投标法适用范围的规定。按照本条规定,《招标投标法》的适用范围为中华人民共和国境内。凡在我国境内进行招标投标活动,必须依照本法规进行。

(1)这里的"境内",从领土的范围上说包括香港特别行政区、澳门特别行政区,但是由于我国实行"一国两制",按照我国香港和澳门两个特别行政区基本法的规定,只有列入这两个基本法附件 3 的法律,才能在这两个特别行政区适用。招标投标法没有列入两个基本法的附件 3 中,因此,招标投标法不适用香港和澳门两个特别行政区。

(2)招标投标法只适用于中国境内进行的招标投标活动,不适用于国内企业到中国境外投标。国内企业到中国境外投标的,应当适用招标所在地国家的法律。

(3)我国境内进行的招标投标活动,其资金来源属于国际组织或者外国政府贷款,资金提供方对招标投标的具体条件和程序有不同规定的,可以适用其规定,但违背中华人民共和国的社会公共利益的除外。

本章小结

市场的概念有广义和狭义之分,狭义的市场是指商品交换的场所,是有形市场;广义的市场为商品交换关系的总和,包括有形和无形市场。建筑市场主体包括发包人(业主)、承包商以及各种中介机构等,建筑市场客体包括有形的建筑产品和无形的建筑产品。建设工程交易中心是保障建筑市场公开、公平和公正交易的有形建筑市场。

招标投标包括招标和投标两个最基本的环节。这种交易方式在我国起步较晚,改革开放以后才被普遍采用。20 世纪 90 年代是我国招标投标发展史上重要的阶段,全国的建设工程招标投标管理体系基本形成,为完善我国的招标投标制度打下了坚实的基础。《中华人民共和国招标投标法》自 2000 年 1 月 1 日起施行,凡在中华人民共和国境内进行的招标投标活动,必须依照该法的规定进行。

复习思考题

一、选择题

1. 建设工程发包与承包的方式为(　　)。

A. 招标投标与直接发包　　　　　　B. 招标与投标

C. 直接发包　　　　　　　　　　　D. 总承包

2. 关于建筑工程发包与承包制度的说法,正确的是(　　)。

A. 总承包合同可以采用书面形式或口头形式

B. 发包人可以将一个单位工程的主题分解成若干部分发包

C. 建筑工程只能招标发包,不能直接发包

D. 国家提倡对建筑工程实行总承包

3. 下列没有违反《中华人民共和国建筑法》承揽工程的是(　　)。

A. 借用其他施工企业的名义承揽工程

B. 与其他承包单位联合共同承包大型建设工程

C. 经建设单位同意,某施工企业超越企业资质承揽工程

D. 某一级企业与二级企业联合承包了只有一级企业才有资质承包的项目

4. 下列选项中,导致建筑施工企业与他人签订的建设工程施工合同无效的行为有(　　)。

A. 将其承包的建设工程全部转给其他符合资质条件的施工企业完成

B. 将其承包的全部建设工程肢解以后以分包的名义分别转给其他单位承包

C. 将其总承包的工程中的专业工程发包给其他具有相应资质的承包单位完成

D. 借用有资质的建筑施工企业名义

E. 将其所承包的工程中的劳务作业发包给其他承包单位完成

5. 以下说法中,正确的是(　　)。

A. 禁止发包　　　　　　　B. 禁止分包　　　　　　　C. 禁止转包

D. 禁止再分包　　　　　　E. 禁止直接发包

6. 九届全国人大一次会议上,李鹏同志指出"过去五年,经济保持了良好势头,国家经济实力显著增强……城乡市场副食品供应充足……",这里的市场是指(　　)。

A. 狭义的市场,只是指固定的交易场所

B. 广义的市场,指的是商品交换关系的总和

C. 无形市场,即商品交易的现实过程

D. 有形市场

7. 市场经济具有平等性的特征。这里的"平等性"是指(　　)。

①商品交换双方地位的平等

②商品交换的平等必须以交换双方社会地位的平等为前提

③商品交换的双方必须遵循等价交换的原则

④市场经济活动者之间的平等关系

A. ①②③　　　　　B. ①③④　　　　　C. ②③④　　　　　D. ①②③④

8. 下面对施工总承包企业资质等级划分正确的是(　　)。

A. 一级、二级、三级　　　　　　B. 一级、二级、三级、四级

C. 特级、一级、二级、三级　　　　D. 特级、一级、二级

9. 根据《建设工程勘察设计企业资质管理规定》,下列选项中不属于工程勘察资质分类的是(　　)。

A. 工程勘察综合资质　　　　　　B. 工程勘察专业资质

C. 工程勘察专项资质　　　　　　D. 工程勘察劳务资质

10. 甲某于 2005 年参加并通过一级建造师执业资格考试,下列说法正确的是(　　)。

A. 他肯定会成为项目经理

B. 只要经所在单位聘任,他马上就可以成为项目经理

C. 只要经过注册,他就可以成为项目经理

D. 只要经过注册,他就可以以建造师名义执业

11. 下列关于招标代理的说法中正确的是(　　)。

A. 招标人如果想要委托招标代理机构办理招标事宜,需要经过有关行政主管部门批准

B. 招标人不可以自选招标代理机构,必须由行政主管部门指定

C. 如果委托了招标代理机构,则招标代理机构有权办理招标工作的一切事宜

D. 招标代理机构应当在招标人委托的范围内办理招标事宜

12.《中华人民共和国招标投标法》于(　　)起开始实施。

A. 2000 年 7 月 1 日　　　　　　　　B. 1999 年 8 月 30 日

C. 2000 年 1 月 1 日　　　　　　　　D. 1999 年 10 月 1 日

二、简答题

1. 工程承发包的内容有哪些?

2. 简述承发包的方式。

3. 什么是计量估价合同?

4. 简述建设工程交易中心的基本功能。

5. 什么是建筑市场的主体、客体?

6. 如何理解招标投标的含义?

7. 我国《招标投标法》的适用范围是如何规定的?

第二章 建设工程招标

【学习要点】

本章介绍了建设工程施工招标的具体业务。通过本章学习,应了解工程项目招标的分类和施工招标的主要工作程序,熟悉招标方式及标底的编制;掌握资格预审文件和招标文件范本的内容,并能依据范本编制相关文件。

【引例:鲁布革水电站引水工程国际招标】

从 1949 年中华人民共和国成立以来,我国大型工程建设一直采用自营制方式:由国家拨款,国营工程局施工,建成后移交管理部门生产运行,收益上交国家。20 世纪 80 年代初,电力部决定鲁布革水电站部分建设资金使用世界银行贷款。1983 年成立鲁布革工程管理局,第一次引进了业主、工程师、承包商的概念。鲁布革局部工程进行国际竞争性招标,将竞争机制引入工程建设领域,日本大成公司中标进入中国水电建设市场,夺走了原本已定在中国工程局的工程,形成了一个工程两种体制并存的局面(见表 2-1)。"鲁布革冲击"波及全国,人们在经历改革阵痛的同时,通过对比和思考,看到了比先进的施工机械背后更重要的东西,很多人开始反思在计划经济体制下建设管理体制的弊端,探求"工期马拉松,投资无底洞"的真正症结所在。

鲁布革水电站位于云南省罗平县与贵州省兴义市交界的黄泥河下游河段。1981 年6 月,国家批准建设装机 60 万千瓦的鲁布革水电站,并将其列为国家重点工程。电站由三部分组成:第一部分首部枢纽拦河大坝为堆石坝,最大坝高 103.5m;第二部分为引水系统,由电站进水口、引水隧洞、调压井、高压钢管四部分组成,引水隧洞总长 9.38km,开挖直径 8.8m,差动式调压井内径 13m,井深 63m;第三部分为厂房枢纽,主付厂房设在地下,总长 125m,宽 18m,最大高度 39.4m,安装 15 万千瓦的水轮发电机 4 台,总容量 60万千瓦,年发电量 28.2 亿千瓦时。

早在 1977 年,水电部就着手进行鲁布革电站的建设,但由于资金缺乏,前后拖延 7年之久。1984 年 4 月,水电部决定在鲁布革工程利用世界银行贷款,使工程出现转机。当时正值改革开放的初期,鲁布革工程是我国第一个利用世界银行贷款的基本建设项目。

鲁布革工程无论是造价、工期还是质量都严格达到了合同要求,破除了计划经济时代基本建设的一般模式,在行业内引起轩然大波,对我国施工建设管理造成巨大震撼。

1987 年 6 月 3 日,时任国务院副总理的李鹏在全国施工工作会议上以"学习鲁布革经验"为题,发表了重要讲话,要求建筑行业推广鲁布革经验。人们从鲁布革究竟看到了什么?

表 2-1　鲁布革水电站引水工程国际公开招标程序

时　间	工作内容	说　明
1982 年 9 月	刊登招标公告及编制招标文件	—
1982 年 9—12 月	第一阶段资格预审	13 个国家 32 家公司中选定 20 家公司
1983 年 2—7 月	第二阶段资格预审	与世界银行磋商第一阶段预审结果,中外公司为组成联合投标公司进行谈判
1983 年 6 月 15 日	发售招标文件	15 家外商公司及 3 家国内公司购买了标书
1983 年 11 月 8 日	当众开标	共 8 家公司投标,其中一家为废标
1983 年 11 月—1984 年 4 月	评标	确定大成(日)、前田(日)和英波吉诺(意美联合)3 家公司为评标对象,最后确定大成(日)中标
1984 年 11 月	引水工程正式开工	—
1988 年 8 月 13 日	正式竣工	工程师签署了工程竣工移交证书,工程初步结算价 9100 万元,实际工期 1475 天

【简要评析】

第一,把竞争机制引入工程建设领域,实行招标投标制,评标工作认真细致。鲁布革首先给人的冲击是大型工程施工打破了历来由主管部门选定施工单位的做法,施工单位要凭实力进行竞争,由"业主"择优而定。鲁布革水电站是我国第一次采取国际招标程序授予外国企业承包权的工程。当时我国的两家公司也参加了投标,虽地处国内,而且享有 7.5% 的优惠,条件颇为有利,但却未能中标。

第二,实行国际评标价低价中标惯例,评价时标底只起参考作用,从而为我国节约了大量建设资金。鲁布革引水系统进行国际竞争性招标标底为 14958 万元,工期为 1597天。15 家外商公司及 3 家国内公司购买了标书。有 8 家公司,包括我国与外资公司组成的两家公司参加投标。具体报价情况见表 2-2。

表 2-2　具体报价情况

公　司	折算报价(万元)	公　司	折算报价(万元)
大成公司	8460	中国闽昆与挪威 FHS 联合公司	12210
前田公司	8800	南斯拉夫能源公司	13220
英波吉诺公司(意美联合)	9280	法国 SBTP 联合公司	17940
中国贵华与西德霍尔兹曼联合公司	12000	西德某公司	废标

第三,我国公司的施工技术和管理水平与外国大公司相比,差距比较大。例如当时国内隧洞开挖进度每月最高为 112m,仅达到国外公司平均功效的 50％左右。日本大成公司是国际著名承包商,施工工艺先进,每平方米混凝土的水泥用量比国内公司少 70kg。我国与挪威联营公司所用水泥比大成公司多 4 万吨以上,按进口水泥运达工地价计算,水泥用量的差额约为 1000 万元。此外,国外施工管理严格,1984 年 7 月 31 日工程师发布开工令后,1984 年 10 月 15 日就正式施工,从下达开工令到正式开工仅用了两个半月时间。隧洞开挖仅用了两年半时间,于 1987 年 10 月全线贯通,比计划提前 5 个月;1988 年 7 月引水系统工程全部竣工,比合同工期提前了 122 天。实际工程造价按开标汇率计算均为标底的 60％。

第四,催人奋起,促进改革。大成公司承包工程,在现场日本人仅二三十人,雇佣的 400 多人都是十四局的职工,中国工人不仅很快地掌握了先进的施工机械的操作,而且在中国工长的带领下,创造了 Φ8.8m 隧洞开挖头月进尺 373.5m 的优异成绩,超过了日本大成公司的最高纪录,达到了世界先进水平。鲁布革的实践激发了人们对基本建设管理体制改革的强烈愿望。人们开始认真了解和学习国外在市场经济条件下实行的项目管理的机制、规则、程序和方法。

看过本案例后,你觉得鲁布革水电站引水工程国际招标值得借鉴的经验有哪些?该项目招标主要经历了哪些工作程序?

第一节　建设工程招标概述

一、建设工程招标投标的概念、目的及意义

1. 建设工程招标投标的概念

建设工程招标投标,是在市场经济条件下,国内外的工程承包市场上为买卖特殊商品而进行的由一系列特定环节组成的特殊交易活动。上述概念中的"特殊商品"是指建设工程,既包括建设工程实施又包括建设工程实体形成过程中的建设工程技术咨询活动。

"特殊交易活动"的特殊性表现在两个方面,一是欲买卖的商品是未来的,并且还未开价;二是这种买卖活动是由一系列特定环节组成,即招标、投标、开标、评标、授标和中标以及签约和履约等环节。

2. 建设工程招标投标的目的

将工程项目建设任务委托纳入市场管理,通过竞争择优选定项目的勘察、设计、设备安装、施工、装饰装修、材料设备供应、监理和工程总承包等单位,达到保证工程质量、缩短建设周期、控制工程造价、提高投资效益的目的。

3. 建设工程招标投标的意义

实行建设项目的招标投标是我国建筑市场趋向规范化、完善化的重要举措,对于择优选择承包单位、全面降低工程造价,进而使工程造价得到合理有效的控制,具有十分重要的意义,具体表现在:

（1）形成了由市场定价的价格机制

实行建设项目的招标投标基本形成了由市场定价的价格机制，使工程价格更加趋于合理。其最明显的表现是若干投标人之间出现激烈竞争（相互竞标），这种市场竞争最直接、最集中的表现就是在价格上的竞争。通过竞争确定出工程价格，使其趋于合理或下降，这将有利于节约投资、提高投资效益。

（2）不断降低社会平均劳动消耗水平

实行建设项目的招标投标能够不断降低社会平均劳动消耗水平，使工程价格得到有效控制。在建筑市场中，不同投标者的个别劳动消耗水平是有差异的。通过推行招标投标，最终使那些个别劳动消耗水平最低或接近最低的投标者获胜，这样便实现了生产力资源较优配置，也对不同投标者实行了优胜劣汰。面对激烈竞争的压力，为了自身的生存与发展，每个投标者都必须切实在降低自己个别劳动消耗水平上下功夫，这样将逐步而全面地降低社会平均劳动消耗水平，使工程价格更为合理。

（3）工程价格更加符合价值基础

实行建设项目的招标投标便于供求双方更好地相互选择，使工程价格更加符合价值基础，进而更好地控制工程造价。由于供求双方各自出发点不同，存在利益矛盾，因而单纯采用"一对一"的选择方式，成功的可能性较小，采用招投标方式就为供求双方在较大范围内进行相互选择创造了条件，为需求者（如建设单位、业主）与供给者（如勘察设计单位、施工企业）在最佳点上结合提供了可能。需求者对供给者选择（即建设单位、业主对勘察设计单位和施工单位的选择）的基本出发点是"择优选择"，即选择那些报价较低、工期较短、具有良好业绩和管理水平的供给者，这样即为合理控制工程造价奠定了基础。

（4）体现了"公开、公平、公正"的原则

实行建设项目的招标投标有利于规范价格行为，使"公开、公平、公正"的原则得以贯彻。我国招投标活动有特定的机构进行管理，有严格的程序必须遵循，有高素质的专家支持系统，有工程技术人员的群体评估与决策，能够避免盲目过度的竞争和营私舞弊现象的发生，对建筑领域中的腐败现象也是强有力的遏制，使价格形成过程变得透明而较为规范。

（5）能够减少交易费用

实行建设项目的招标投标能够减少交易费用，节省人力、物力、财力，进而使工程造价有所降低。我国目前从招标、投标、开标、评标直至定标，均在统一的建筑市场中进行，并有较完善的法律、法规保障，已进入制度化操作。招投标中，若干投标人在同一时间、地点报价竞争，在专家支持系统的评估下，以群体决策方式确定中标者，必然减少交易过程的费用，这本身就意味着招标人收益的增加，对工程造价必然产生积极的影响。

二、招投标活动的原则

招标与投标都是民事主体的民事法律行为，均应遵循《中华人民共和国民法总则》的基本原则。《中华人民共和国招标投标法》特别规定必须遵循以下原则。

1. 公开原则

公开原则主要体现参与市场活动的主体之间在法律地位上的平等，处于公平竞争条件和竞争环境中。公开原则具体表现为:招标项目的信息公开、开标的程序公开、评标的标准和程序公开、中标的结果公开等。

(1)信息公开

招标人采用公开招标方式的,应当发布招标公告;依法必须进行招标的项目的公告,应当通过国家规定的报刊、信息网络或者其他媒介发布。采用邀请招标方式的,应当向3个以上具备承担招标项目的能力、资信良好的特定的法人或者其他组织发出投标邀请书。招标公告、投标邀请书应当载明:招标人的名称和地址,招标项目的性质、数量、实施地点和时间,以及获取招标文件的办法等事项。

(2)开标的程序公开

开标应当在招标文件确定的提交投标文件截止时间的同一时间公开进行,开标地点应当为招标文件中预先确定的地点。开标由招标人主持,邀请所有投标人参加。

(3)评标的标准和程序公开

评标的标准和办法应当在提供给所有投标人的招标文件中载明,评标应当严格按照招标文件确定的评标标准和方法进行,不得采用招标文件未列明的标准。

(4)中标的结果公开

中标人确定后,招标人应当向中标人发出中标通知书,并同时将中标结果通知所有未中标的投标人。未中标的投标人和其他利害关系人认为招标投标活动不符合招标投标法有关规定的,有权向招标人提出异议或者依法向有关行政监督部门投诉。

2. 公平原则

所谓公平原则,主要包括机会平等、标底保密、所有投标人都有权参加开标会。对招标人来说,就是严格按照公开的招标条件和程序办事,给予所有投标人平等的机会,使其享有同等的权利并履行相应的义务。

3. 公正原则

所谓公正原则,就是要求评标时按事先公布的标准对待所有投标人。按照招标投标法的规定,评标委员会应当按照招标文件确定的评标标准和方法,对投标文件进行评审和比较,从中推选合格的中标候选人;任何单位和个人不得非法干预、影响评标的过程和结果。

4. 诚实信用原则

招标投标双方应遵守下列规定。

(1)投标单位不得以他人名义投标或者以其他方式弄虚作假骗取中标。

(2)招标单位应当对招标文件的内容负责,必须在评标委员会依法推荐的中标候选人名单中确定中标人。

(3)招标单位与中标人应当按照招标文件和中标人的投标文件订立合同,中标人不得将中标项目转让或肢解后转让给他人,也不得违法分包给他人。

三、建设工程招标范围

我国《招标投标法》指出,凡在中华人民共和国境内进行下列工程建设项目,包括项目的勘察、设计、施工、监理以及与工程建设有关的重要设备、材料等的采购,必须进行招标。

1. 法律和行政法规规定必须招标的范围

(1)大型基础设施、公用事业等关系社会公共利益、公众安全项目

1)关系社会公共利益、公众安全的基础设施项目,包括如下内容:

① 煤炭、石油、天然气、电力、新能源等能源项目。

② 铁路、公路、管道、水运、航空以及其他交通运输业等交通运输项目。

③ 邮政、电信枢纽、通信、信息网络等邮电通信项目。

④ 防洪、灌溉、排涝、引(供)水、滩涂治理、水土保持、水利枢纽等水利项目。

⑤ 道路、桥梁、地铁和轻轨交通、污水排放及处理、垃圾处理、地下管道、公共停车场等城市设施项目。

⑥ 生态环境保护项目。

⑦ 其他基础设施项目。

2)关系社会公共利益、公众安全的公用事业项目,包括如下内容:

① 供水、供电、供气、供热等市政工程项目。

② 科技、教育、文化等项目。

③ 体育、旅游等项目。

④ 卫生、社会福利等项目。

⑤ 商品住宅,包括经济适用住房。

⑥ 其他公用事业项目。

(2)全部或者部分使用国有资金投资或者国家融资的项目

1)使用国有资金投资的项目,包括如下内容:

① 使用各级财政预算资金的项目。

② 使用纳入财政管理的各种政府性专项建设基金的项目。

③ 使用国有企业事业单位自有资金,并且国有资产投资者实际拥有控制权的项目。

2)使用国家融资的项目,包括如下内容:

① 使用国家发行债券所筹资金的项目。

② 使用国家对外借款或者担保所筹资金的项目。

③ 使用国家政策性贷款的项目。

④ 国家授权投资主体融资的项目。

⑤ 国家特许的融资项目。

(3)使用国际组织或者外国政府贷款、援助资金的项目

使用国际组织或者外国政府贷款、援助资金项目,包括如下内容:

① 使用世界银行、亚洲开发银行等国际组织贷款资金的项目。

② 使用外国政府及其机构贷款资金的项目。

③ 使用国际组织或者外国政府援助资金的项目。

2. 建设工程招标的规模标准(额度)

另外,依法必须进行招标的各类工程建设项目,包括项目的勘察设计、施工、监理以及与工程建设有关的重要设备、材料等的采购,达到下列标准之一的,必须进行招标。

（1）施工单项合同估算价在 200 万元人民币以上的；

（2）重要设备、材料等货物的采购，单项合同估算价在 100 万元人民币以上的；

（3）勘察、设计、监理等服务的采购，单项合同估算价在 50 万元人民币以上的；

（4）单项合同估算价低于第（1）、（2）、（3）项规定的标准，但项目总投资额在 3000 万元人民币以上的。

各省可以根据实际情况自行规定本地区必须进行工程招标的具体范围和规模标准，但不得缩小国家规定的必须进行工程招标的范围或降低规模标准。

3. 可以不进行招标的建设项目范围

《招标投标法》第六十六条规定：涉及国家安全、国家秘密、抢险救灾或者属于利用扶贫资金实行以工代赈、需要使用农民工等特殊情况，不适宜进行招标的项目，按照国家有关规定可以不进行招标。

（1）涉及国家安全的工程。主要是指国防、尖端科技、军事装备等涉及国家安全、会对国家安全造成重大影响的项目。

（2）涉及国家秘密的项目。指关系国家安全和利益，依照法定程序确定，在一定时间内只限一定范围的人知晓的项目。要视项目情况予以区别对待，由于交通战略项目、经济动员项目对保密性、安全性的要求程度不同，因而视情况可采取邀请招标的方式，个别的可不进行招标。

（3）抢险救灾项目时间紧迫，无须经过招标的规定程序，以免延误时机。

（4）对扶贫以工代赈项目要具体分析，对那些工程较大的、技术要求高而群众义务投工投劳少的项目也应考虑招标。同时，对一些虽有群众投劳，但工程中的大型设备、材料也可考虑招标方式，以进一步提高扶贫以工代赈资金的效益。

（5）勘察和设计采用特定专利或者专有技术有特殊要求的。

（6）停建或者缓建后恢复建设的单位工程，且承包人未发生变更的。

（7）施工企业自建自用的工程，且该施工企业资质等级符合工程要求的。

四、建设工程招标投标的主要类别和形式

1. 建设工程招标投标的主要类别

建设工程招标投标多种多样，按照不同的标准可以进行不同的分类。招标投标的几种基本分类如图 2-1 所示。

（1）按照工程建设程序分类

按照工程建设程序，可以将建设工程招标投标分为建设项目前期咨询招标投标、工程勘察设计招标投标、材料设备采购招标投标、施工招标投标。

1）建设项目前期咨询招标投标

是指对建设项目的可行性研究任务进行的招标投标。投标方一般为工程咨询企业。中标的承包方要根据招标文件的要求，向发包方提供拟建工程的可行性研究报告，并对其结论的准确性负责。承包方提供的可行性研究报告，应获得发包方的认可。认可的方式通常为专家组评估鉴定。

项目投资者有的缺乏建设管理经验，通过招标选择项目咨询者及建设管理者，即工

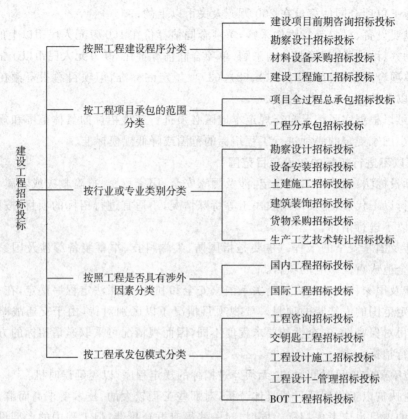

图 2-1 招标投标的几种基本分类

程投资方在缺乏工程实施管理经验时,通过招标方式选择具有专业的管理经验工程咨询单位,为其制定科学、合理的投资开发建设方案,并组织控制方案的实施。这种集项目咨询与管理于一体的招标类型的投标人一般也为工程咨询单位。

2)勘察设计招标

勘察设计招标指根据批准的可行性研究报告,择优选择勘察设计单位的招标。勘察和设计是两种不同性质的工作,可由勘察单位和设计单位分别完成。勘察单位最终提出施工现场的地理位置、地形、地貌、地质、水文等在内的勘察报告。设计单位最终提供设计图纸和成本预算结果。设计招标还可以进一步分为建筑方案设计招标、施工图设计招标。当施工图设计不是由专业的设计单位承担,而是由施工单位承担时,一般不进行单独招标。

3)材料设备采购招标

是指在工程项目初步设计完成后,对建设项目所需的建筑材料和设备(如电梯、供配电系统、空调系统等)采购任务进行的招标。投标方通常为材料供应商、成套设备供应商。

4)建设工程施工招标

指招标人就拟建的工程发布公告或者邀请,以吸引建筑施工企业参加竞争,招标人从中选择条件优越者作为中标单位来完成工程建设任务。

建设工程施工是指把设计图纸变成预期的建筑新产品的活动。施工招标投标是目前我国建设工程招标投标中开展得比较早、比较多的一类,甚至可以说,建设工程其他类型的招标投标制度都是承袭施工招标投标制度而来的。就施工招标投标本身而言,其特点主要如下:

① 在招标重要条件上,比较强调建设资金的充分到位。

② 在招标方式上,强调公开招标、邀请招标,议标方式受到严格限制甚至被禁止。

③ 在投标和评标定标中,要综合考虑价格、工期、技术、质量安全和信誉等因素,价格因素所占分量比较突出,可以说是关键的一环,常常起决定性作用。

国内外招投标现行做法中经常采用将工程建设程序中各个阶段合为一体进行全过程招标,通常又称其为总包。

(2)按工程项目承包的范围分类

按工程承包的范围可将工程招标划分为项目总承包招标、项目阶段性招标、设计施工招标、工程分承包招标及专项工程承包招标。

1)项目全过程总承包招标

即选择项目全过程总承包人招标,又可分为两种类型,一是工程项目实施阶段的全过程招标;二是工程项目建设全过程的招标。前者是在设计任务书完成后,从项目勘察、设计到施工交付使用进行一次性招标;后者则是从项目的可行性研究到交付使用进行一次性招标,业主只需提供项目投资和使用要求及竣工、交付使用期限,其可行性研究、勘察设计、材料和设备采购、土建施工设备安装及调试、生产准备和试运行、交付使用,均由一个总承包商负责承包,即所谓"交钥匙工程"。承揽"交钥匙工程"的承包商被称为总承包商,绝大多数情况下,总承包商要将工程部分阶段的实施任务分包出去。

无论是项目实施的全过程还是某一阶段或程序,按照工程建设项目的构成,可以将建设工程招标投标分为全部工程招标投标、单项工程招标投标、单位工程招标投标、分部工程招标投标、分项工程招标投标。全部工程招标投标,是指对一个建设项目(如一所学校)的全部工程进行的招标。单项工程招标,是指对一个工程建设项目中所包含的单项工程(如一所学校的教学楼、图书馆、食堂等)进行的招标。单位工程招标是指对一个单项工程所包含的若干单位工程(如实验楼的土建工程)进行招标。分部工程招标是指对一项单位工包含的分部工程(如土石方工程、深基坑工程、楼地面工程、装饰工程)进行招标。

应当强调的是,为了防止对将工程肢解后进行发包,我国一般不允许对分部工程招标,允许特殊专业工程招标,如深基础施工、大型土石方工程施工等。但是,国内工程招标中的所谓项目总承包招标往往是指对一个项目施工过程全部单项工程或单位工程进行的总招标,与国际惯例所指的总承包尚有相当大的差距。为与国际接轨,提高我国建筑企业在国际建筑市场的竞争能力,深化施工管理体制的改革,造就一批具有真正总包能力的智力密集型的龙头企业,是我国建筑业发展的重要战略目标。

2)工程分承包招标

是指中标的工程总承包人作为其中标范围内的工程任务的招标人,将其中标范围内的工程任务,通过招标投标的方式,分包给具有相应资质的分承包人,中标的分承包人只对招标的总承包人负责。

（3）按行业或专业类别分类

按与工程建设相关的业务性质及专业类别划分，可将工程招标分为勘察设计招标、设备安装工程招标、土建施工招标、建筑装饰装修招标、货物采购招标、生产工艺技术转让招标、咨询服务（工程咨询）和建设监理招标等。

1）勘察设计招标，是指对建设项目的勘察设计任务进行的招标。

2）设备安装招标，是指对建设项目的设备安装任务进行的招标。

3）土建施工招标，是指对建设工程中土木工程施工任务进行的招标。

4）建筑装饰装修招标，是指对建设项目的建筑装饰装修的施工任务进行的招标。

5）货物采购招标，是指对建设项目所需的建筑材料和设备采购任务进行的招标。

6）生产工艺技术转让招标，是指对建设工程生产工艺技术转让进行的招标。

7）工程咨询和建设监理招标，是指对工程咨询和建设监理任务进行的招标。

（4）按工程承发包模式分类

随着建筑市场运作模式与国际接轨进程的深入，我国承发包模式也逐渐呈现多样化，主要包括工程咨询承包、交钥匙工程承包模式、设计施工承包模式、设计管理承包模式、BOT工程模式、CM模式等。

1）工程咨询招标

是指以工程咨询服务为对象的招标行为。工程咨询服务的内容主要包括工程立项决策阶段的规划研究、项目选定与决策；建设准备阶段的工程设计、工程招标；施工阶段的监理、竣工验收等工作。

2）交钥匙工程招标

"交钥匙"模式即承包商向业主提供包括融资、设计、施工、设备采购、安装和调试直至竣工移交的全套服务。交钥匙工程招标是指发包商将上述全部工作作为一个标的进行招标，承包商通常将部分阶段的工程分包，亦即全过程招标。

3）工程设计施工招标

设计施工招标是指将设计及施工作为一个整体标的以招标的方式进行发包，投标人必须为同时具有设计能力和施工能力的承包商。我国由于长期采取设计与施工分开的管理体制，目前具备设计、施工双重能力的施工企业为数较少。

设计-建造模式是一种项目组管理方式：业主和设计-建造承包商密切合作，完成项目的规划、设计、成本控制、进度安排等工作，甚至负责项目融资。使用一个承包商对整个项目负责，避免了设计和施工的矛盾，可显著减少项目的成本和工期。同时，在选定承包商时，把设计方案的优劣作为主要的评标因素，可保证业主得到高质量的工程项目。

4）工程设计-管理招标

设计-管理模式是指由同一实体向业主提供设计和施工管理服务的工程管理模式。采用这种模式时，业主只签订一份既包括设计也包括工程管理服务的合同。在这种情况下，设计机构与管理机构是同一实体，这一实体常常是设计机构与施工管理企业的联合体。设计-管理招标即为以设计-管理为标的进行的工程招标。

5)BOT 工程招标

BOT(Build - Operate - Transfer)即建造-运营-移交模式。这是指东道国政府开放本国基础设施建设和运营市场,吸收国外资金,授给项目公司以特许权由该公司负责融资和组织建设,建成后负责运营及偿还贷款。在特许权期满时将工程移交给东道国政府。BOT 工程招标即是对这些工程环节的招标。

(5)按照工程是否具有涉外因素分类

按照工程是否具有涉外因素,可以将建设工程招标分为国内工程招标投标和国际工程招标投标。

1)国内工程招标投标,是指对本国没有涉外因素的建设工程进行的招标投标。

2)国际工程招标投标,是指对有不同国家或国际组织参与的建设工程进行的招标投标。国际工程招标投标,包括本国的国际工程(习惯上称涉外工程)招标投标和国外的国际工程招标投标两个部分。

国内工程招标和国际工程招标的基本原则是一致的,但在具体做法上有差异。随着社会经济的发展和与国际接轨的深化,国内工程招标和国际工程招标在做法上的区别已越来越小。

2. 建设工程招标的主要形式

我国自 2000 年 1 月 1 日施行的《招标投标法》明确规定了招标方式有两种,即公开招标和邀请招标。议标不是法定的招标形式,然而,议标作为一种简单、便捷的方式,目前仍在我国建设工程咨询服务行业被广泛采用。公开招标和邀请招标作为主要的招标方式,是由招标投标的本质特点决定的。这两种招标方式都具有竞争性,体现了招标投标本质特点的客观要求。

【特别提示】

现行国际市场上通用的建设工程招标方式大致有 5 种:公开招标、邀请招标、协议招标、综合性招标、国际竞争性招标。综合性招标、国际竞争性招标实质上都是公开招标和邀请招标。

(1)公开招标

公开招标是指招标人通过报刊、广播、电视、网络或其他媒介,公开发布招标公告,招揽不特定的法人或其他组织参加投标,招标人从中择优选择中标人的招标方式。公开招标形式一般对投标人的数量不做限制,故也被称为"无限竞争性招标"。

1)公开招标方式的优点

公开招标是最具竞争性的招标方式。它参与竞争的投标人数量最多,且只要符合相应的资质条件便不受限制,只要承包商愿意便可参加投标,在实际生活中,常常少则十几家,多则几十家,甚至上百家,因而竞争程度最为激烈。它可以最大限度地为一切有实力的承包商提供一个平等竞争的机会,招标人也有最大容量的选择范围,可在为数众多的投标人之间择优选择一个报价合理、工期较短、信誉良好的承包商。

公开招标是程序最完整、最规范、最典型的招标方式。它形式严密,步骤完整,运作环节环环相扣。公开招标是适用范围最为广阔、最有发展前景的招标方式。在国际上,谈到招标通常都是指公开招标。在某种程度上,公开招标已成为招标的代名词,因为公开招标是工程招标通常采用的方式。在我国,通常也要求招标必须采用公开招标的方式进行。凡属招标范围的工程项目,一般必须首先采用公开招标的方式。

2)公开招标方式的缺点

公开招标也是所需费用最高、花费时间最长的招标方式。由于竞争激烈,程序复杂,组织招标和参加投标需要做的准备工作和需要处理的实际事务比较多,特别是编制、审查有关招标投标文件的工作量十分浩繁。

采用公开招标方式时,投标单位多且良莠不齐,不但招标工作量大,所需时间较长,而且容易被不负责任的单位抢标。因此采用公开招标方式时对投标单位进行严格的资格预审就特别重要。

综上所述,不难看出,公开招标有利有弊,但优越性十分明显。

我国在推行公开招标实践中,存在不少问题,需要认真加以探讨和解决,主要是:

首先,公开招标的公告方式不具有广泛的社会公开性。公开招标不管采取何种招标公告方式,都应当具有广泛的社会公开性。正因为如此,传统上公开招标的招标公告都是通过大众新闻媒介发布的。应当承认,随着社会的进步,特别是科技的飞速发展,公开招标的招标公告方式也必然会发展变化,但其具有的广泛的社会公开性这一特征,不但不会丧失,反而会因此更加鲜明。可是,目前我国各地发布公开招标公告一般不通过大众新闻媒介,而是在单一的工程交易中心发布招标公告。而工程交易中心现在是一个行政区域才有一个,且相互信息不通,区域局限性十分明显。由于工程交易中心本身的区域局限性,使其发布的招标公告不能广为人知。同时,即使对知情的投标人来讲,必须每天或经常跑到一个固定地点来看招标信息,既不方便也增加了成本。所以,只在工程交易中心发布招标公告,不能算作真正意义上的公开招标。解决这个问题的办法是,将公开招标公告直接改为由大众传媒发布,或是将现有的工程交易中心发布的招标公告与大众传播媒介联网,使其像股市那样,具有广泛的社会公开性,人们能方便、快捷地得到公开招标的公告信息。总之,只有具有广泛社会公开性的公告方式,才能被认为是符合公开招标要求的方式。

其次,公开招标的公平性和公正性受到限制。公开招标的一个显著特点,是投标人只要符合某种条件,就可以不受限制地自主决定是否参加投标。而在公开招标中对投标人的限制条件,按照国际惯例,只应是资质条件和实际能力。可是,目前我国建设工程的公开招标中,常常存在出于地方保护主义等原因对投标人附加了许多苛刻条件的现象。如有的限定,只有某地区、某行业或获得过某种奖项(如"鲁班奖"等)的企业,才能参加公开招标的投标等。这种做法是不妥当的。公开招标对投标人参加投标的限制条件,原则上只能是名副其实的资质和能力上的要求。如某项工程需要一级资质企业承担的,在公开招标时对投标人提出的限制条件,只应是持有一级资质证书及相应的实际能力。至于其他方面的要求,只应作为竞争成败(评标)的因素,而不宜作为可否参加竞争(投标)的条件。如果允许随意增加对投标人的限制条件,不仅会削弱公开招标的公平性、公正性,而且也与资质管理制度的性质和宗旨背道而驰。

再次,招标评标实际操作方法不规范。由于我国处于市场经济完善阶段,法制建设还不到位,招投标过程中存在一些不规范的行为,包括投标人经资格审查合格后再进行抓阄或抽签才能投标;串标、陪标等暗箱操作;等等。例如,有的地方认为公开招标的投标人太多,影响评标效率,采取在投标人经资格审查合格后先进行抓阄或抽签、抓阄与业主推荐相结合的办法,淘汰一批合格者,只有剩下的合格者才可正式参加投标竞争。资格审查合格本身就是有资格参加投标竞争的象征,人为采取任何办法进行筛选,都违背了招标投标法的公开、公平、公正的原则,且有悖公开招标的无限竞争精神。

公开招标实践中出现上述问题,其原因是多方面的。从客观上讲,主要是资金紧张,甚至有很大缺口,或工程盲目上马,工期紧迫,等等。从主观上讲,主要是嫌麻烦,怕招标投标周期长、矛盾多、劳民伤财,舍不得花时间、花钱,也不排除极个别的想为个人谋私预留操作空间和便利等。上述问题造成的后果,不仅限制了竞争,而且不能体现公开招标的真正意义。实际上,程序复杂,费时、耗财,只是公开招标的特点之所在,否则,怎么能健康有序地形成无限竞争的局面呢? 所以,目前在我国还需要进一步培育和发展工程建设竞争机制,进一步规范和完善公开招标的运作制度。

3)公开招标方式的适用范围

全部使用国有资金投资,或国有资金投资占控制地位或主导地位的项目,应当实行公开招标。一般情况下,投资额度大、工艺或结构复杂的较大型建设项目,实行公开招标较为合适。应当采用招标公开发包的项目如下:

① 国务院发展计划部门确定的国家重点建设项目;

② 省、自治区、直辖市人民政府确定的地方重点建设项目;

③ 全部使用国有资金或者国有资金占控制或主导地位的工程建设项目。

(2)邀请招标

一种由业主向其认为能够胜任其发包工程的承包商发出招标邀请,而由承包商应邀前来进行投标的行为,是一种有限竞争性招标,其特点是:投标单位数量有限(至少3家),且为业主自主选择。

在公开招标之外规定邀请招标方式的原因在于,公开招标虽然最符合招标的宗旨,但也存在着一些缺陷。邀请招标只有在招标项目符合一定条件时才可以采用。

这种招标方式,目标明确,经过选定的投标单位,在施工经验、施工技术和信誉上都比较可靠,基本上能保证工程质量和进度。邀请招标整个组织管理工作比公开招标相对简单一些,但其前提是对承包商充分了解,同时,报价也可能高于公开招标方式。

1)邀请招标方式的优点

招标所需的时间较短,工作量小,目标集中,且招标花费较省;被邀请的投标单位的中标概率高。

2)邀请招标方式的缺点

不利于招标单位获得最优报价,取得最佳投资效益;投标单位的数量少,竞争性较差;招标单位在选择邀请人前所掌握的信息不可避免地存在一定的局限性,招标单位很难了解市场上所有承包商的情况,常会忽略一些在技术、报价方面更具竞争力的企业,使招标单位不易获得最合理的报价,有可能找不到最合适的承包商。

3)邀请招标方式的适用范围

全部使用国有资金投资或国有资金投资占控制或主导地位的项目,必须经国家发改委或者省级人民政府批准方可实行邀请招标;其他工程项目则由招标单位自行选用邀请招标方式或公开招标方式。可以采用邀请招标发包的项目:

① 技术要求高、专业性较强的招标项目。对于这类项目而言,由于能够承担招标任务的单位较少,且由于专业性较强,招标人对潜在的投标人都较为了解,新进入本领域的单位也很难较快具有较高的技术水平,因此,这类项目可以考虑采用邀请招标。

② 合同金额较小的招标项目。由于公开招标的成本较高,如果招标项目的合同金额较小,则不宜采用。

③ 工期要求较为紧迫的招标项目。公开招标周期较长,这也决定了工期要求较为紧迫的招标项目不宜采用。

由于邀请招标是特殊情况下才能采用的招标方式,因此国务院发展计划部门确定的国家重点项目和适宜公开招标的,经国务院批准,才能进行邀请招标。

4)被邀请的投标人应考虑因素具备的条件

① 该单位有与该项目相应的资质,并且有足够的力量承担招标工程的任务。

② 该单位近期内成功地承包过与招标工程类似项目,有较丰富的经验。

③ 该单位的技术装备、劳动者素质和管理水平符合招标工程的要求。

④ 该单位当前和过去财务状况良好。

⑤ 该单位有较好的信誉。

总之,被邀请的投标人必须在资金、能力和信誉等方面都能胜任该招标工程。

(3)议标

我国《招标投标法》明确规定,招标方式分为公开招标和邀请招标。但由于工程项目的实际特点,在工程项目发包过程中,还常常采用议标的形式。这是一种无竞争性的发包方式。

由于议标没有体现出招标投标"竞争性"这一本质特征,其实质是一种谈判。因此,在我国《招标投标法》中,没有将议标作为招标方式,但规定了议标的适用范围和程序:对不宜公开招标和邀请招标的特殊工程,应报主管机构,经批准后才可议标。参加议标的的单位一般不得少于两家。议标也要经过报价、比较和评定阶段。

议标是一种特殊的招标方式,是公开招标、邀请招标的例外情况。一个规范、完整的议标概念,在其适用范围和条件上,应当同时具备以下几个基本要点:

1)议标方式适用面较窄

议标只适用于有保密性要求或者专业性、技术性较高的特殊工程。没有保密性或者专业性,技术性不高,不存在什么特殊情况的项目,不能进行议标。对什么是具有保密性,什么是专业性、技术性较高等特殊情况,应该做严格意义上的理解,不能由业主或者承包商来自行解释,而必须由政府或政府主管部门来解释。这里所谓"不适宜",一是指客观条件不具备,如同类有资格的投标人太少,无法形成竞争态势等;二是指有保密性要求,不能在众多有资格的投标人中间扩散。如果适宜采用公开招标和邀请招标的,就不能采用议标方式。

议标必须经招标投标管理机构审查同意。未经招标投标管理机构审查同意的,不能进行议标。已经进行议标的,建设行政主管部门或者招标投标管理机构应当按规定,作为非法交易进行严肃查处。招标投标管理机构审查的权限范围,就是省、市、县(县级市)招标投标管理机构的分级管理权限范围。

2)直接进入谈判并通过谈判确定中标人

参加投标者为两家以上,一家不中标再寻找下一家,直到达成协议为止。一对一地谈判,是议标的最大特点。在实际生活中,即使可能有两家或两家以上的议标参加人,实质上也是一对一地分别谈判,一家谈不成,再与另一家谈,直到谈成为止。如果不是一对一地谈,不宜称之为议标。

3)程序的随意性太大且缺乏透明度

议标程序的随意性太大,竞争性相对更弱。议标缺乏透明度,极易形成暗箱操作,私下交易。从总体上来看,议标的存在是弊大于利。

议标不同于直接发包。从形式上看,直接发包没有"标",而议标则有"标"。议标招标人须事先编制议标招标文件或拟议合同草案,议标投标人也须有议标投标文件,议标也必须经过一定的程序。

自 2000 年 1 月 1 日起施行的《中华人民共和国招标投标法》就只规定招标分为公开招标和邀请招标,而对议标未明确提及。但在我国建设工程招标投标的进程中,议标作为一种招标方式已约定俗成,且在国际上也普遍采用。从我国建筑市场整体发展状况来考察,在当前和今后一定时间内议标仍可作为一种工程交易方式存在。

【特别提示】

根据国际惯例和我国现行法规,议标的招标方式通常限定在紧急工程、有保密性要求的工程、价格很低的小型工程、零星的维修工程和潜在投标人很少的特殊工程。

(4)公开招标和邀请招标方式的区别

公开招标方式与邀请招标方式各具特色,具体存在以下几方面的差异。

1)发布信息的方式不同。公开招标是招标单位在国家指定的报刊、电子网络或其他媒体上发布招标公告。邀请招标采用投标邀请书的形式发布。

2)竞争的范围或效果不同。公开招标是所有潜在的投标单位竞争,范围较广,优势发挥较好,易获得最优效果。邀请招标的竞争范围有限,易造成中标价不合理,遗漏某些技术和报价有优势的潜在投标单位。

3)时间和费用不同。邀请招标的潜在投标单位一般为 3~10 家,同时又是招标单位自己选择的,从而可缩短招标的时间和费用。公开招标的资格预审工作量大,时间长,费用高。

4)公开程度不同。公开招标必须按照规定程序和标准运行,透明度高。邀请招标的公开程度相对要低些。

5)招标程序不同。公开招标必须对投标单位进行资格审查,审查其是否具有与工程要求相近的资质条件。邀请招标对投标单位不进行资格预审。

第二节 建设工程招标程序

建设工程招标程序,是指建设工程招标活动按照一定的时间和空间应遵循的先后顺序,是以招标单位和其代理人为主进行的有关招标的活动程序。建设工程招标的工作流程如图 2-2 所示。

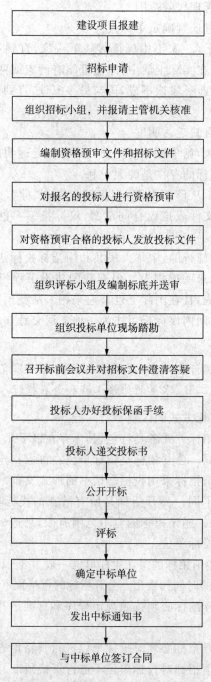

建设项目报建

招标申请

组织招标小组，并报请主管机关核准

编制资格预审文件和招标文件

对报名的投标人进行资格预审

对资格预审合格的投标人发放投标文件

组织评标小组及编制标底并送审

组织投标单位现场踏勘

召开标前会议并对招标文件澄清答疑

投标人办好投标保函手续

投标人递交投标书

公开开标

评标

确定中标单位

发出中标通知书

与中标单位签订合同

图 2-2 建设工程招标工作流程

按照招标人和投标人参与程度，建设工程招标程序包含下列三个阶段：招标准备阶段、招标投标阶段和定标签约阶段。

（1）招标准备阶段。主要工作有办理工程报建手续、选择招标方式、设立招标组织或委托招标代理人、编制招标有关文件和标底、办理招标备案手续等。

（2）招标投标阶段。主要工作包括发布招标公告或发出投标邀请书、投标资格预审、发放招标文件和有关资料、组织现场勘察、举行标前会议和接受投标文件等。

（3）定标签约阶段。主要工作是开标、评标、定标和签约等。

一、招标准备阶段

在招标准备阶段，招标单位或者招标代理人应当完成项目审批手续，落实所需的资金，编制与招标有关的文件，并履行招标文件备案手续。

1. 落实招标项目应当具备的条件

（1）履行项目审批手续

招标项目按照国家有关规定需要履行项目审批手续的，应当履行审批手续，并取得批准。通常包括以下内容。

① 立项批准文件和固定资产投资许可证。

② 已经办理该建设工程用地批准手续。

③ 已经取得规划许可证。

（2）资金落实

招标单位应当有进行招标项目的相应资金或者资金来源已经落实，并在招标文件中写明。建设资金能满足建设工程要求，符合规定的资金到位率。一般要求是：工期 1 年以上，资金到位率为 30%；工期 1 年以下，资金到位率为 50%。

（3）编制技术资料

技术资料应能满足招标投标的要求。

2. 选择招标方式

应根据招标单位的条件和招标工程的特点做好以下工作。

（1）确定自行办理招标事宜或是委托代理招标

确定自行办理招标事宜的要依法办理备案手续。委托代理招标的应当选择具有相应资质的代理机构办理招标事宜，并在签订委托代理合同后的法定时间内到建设行政主管部门备案。招标代理机构的选择也要按照相关规定进行。

1）招标单位自行招标应具备的条件

依据《中华人民共和国招标投标法》要求，招标人必须是法人或者其他组织。除了主体本身应当符合法律的要求，招标人是否还有其他要求呢？《招标投标法》没有规定，但《招标投标法》颁布前的许多规定则对招标人提出一些其他条件，如建设部规定："建设单位招标应当具备下列条件：①是法人或依法成立的其他组织；②有与招标工程相适应的经济、技术管理人员；③有组织编制招标文件的能力；④有审查投标单位资质的能力；⑤有组织开标、评标、定标的能力。"

不具备上述②～⑤项条件，须委托具有相应资质的代理机构进行招标。也就是说，缺乏上述②～⑤项条件的招标人并不是不能招标，而是应当委托代理招标。

【特别提示】

法人是招标投标活动中最为常见的招标人。法人是具有民事权利能力和民事行为

能力,依法独立享有民事权利承担民事义务的组织。法人应当具备以下条件:

(1)依法成立。法人不能自然产生,它的产生必须经过法定的程序,法人的设立目的和方式必须符合法律的规定,设立法人必须经过政府主管机关的批准或核准登记。(2)有必要的财产或经费。必要的财产或经费是法人进行民事活动的物质基础,它要求法人的财产或经费必须与法人的经营范围或者设立目的相适应,否则不能被批准设立或者核准登记。(3)有自己的名称、组织机构和场所。法人的名称是法人相互区别的标志和法人进行活动时使用的代号,法人的组织机构是指对内管理法人事务、对外代表法人进行民事活动的机构。法人的场所则是法人进行业务活动的所在地,也是确定法律管辖的依据。(4)能够独立承担民事责任。法人必须能够以自己的财产或者经费承担在民事活动中的债务,在民事活动中给其他主体造成损失时能够承担赔偿责任。

2)招标代理机构应具备的条件

工程招标代理机构资格分为甲、乙两个等级,认定的要点如下。

第一,申请工程招标代理机构资格的单位应当具备以下基本条件:

① 是依法设立的中介组织,具有独立法人资格。

② 与行政机关和其他国家机关没有行政隶属关系或其他利益关系。

③ 有固定的营业场所和开展工程招标代理业务所需设施及办公条件。

④ 有健全的组织机构和内部管理的规章制度。

⑤ 具备编制招标文件和组织评标的相应人员和专业力量。

⑥ 具有可以作为评标委员会成员人选的技术、经济等方面的专家库。

⑦ 法律、行政法规规定的其他条件。

第二,甲级招标代理机构资格由省级建设行政主管部门初审,报建设部认定。除应具备第一所述条件外,还应当具备下列条件:

① 取得乙级工程招标代理资格满3年。

② 近3年内累计工程招标代理中标金额在16亿元人民币以上(以中标通知书为依据,下同)。

③ 具有中级以上职称的工程招标代理机构专职人员不少于20人,其中具有工程建设类注册执业资格人员不少于10人(其中注册造价工程师不少于5人),从事工程招标代理业务3年以上的人员不少于10人。

④ 技术经济负责人为本机构专职人员,具有10年以上从事工程管理的经验,具有高级技术经济职称和工程建设类注册执业资格。

⑤ 注册资本金不少于200万元。

第三,乙级工程招标代理机构只能承担工程投资额(不含征地费、大市政配套费和拆迁补偿费)1亿元以下的工程招标代理业务。乙级招标代理机构资格由省级建设行政主管部门认定,报建设部备案。除应具备第一所述条件外,还应当具备下列条件:

① 取得暂定级工程招标代理资格满1年。

② 近3年内累计工程招标代理中标金额在8亿元人民币以上。

③ 具有中级以上职称的工程招标代理机构专职人员不少于12人,其中具有工程建设类注册执业资格人员不少于6人(其中注册造价工程师不少于3人),从事工程招标代

理业务 3 年以上的人员不少于 6 人。

④ 技术经济负责人为本机构专职人员，具有 8 年以上从事工程管理的经历，具有高级技术经济职称和工程建设类注册执业资格。

⑤ 注册资本金不少于 100 万元。

第四，新成立的工程招标代理机构的业绩未能满足上述条件的，建设部可以根据市场需要设定暂定资格。新设立的工程招标代理机构具备第一所述条件和第三中的③、④、⑤项的条件，可以申请暂定级工程招标代理资格。

(2)确定发包范围、招标次数及每次的招标内容

发包范围根据工程特点和招标单位的管理能力确定。对于场地集中、工程量不大、技术上不复杂的工程宜实行一次招标，反之可考虑分段招标。实行分段招标的工程，要求招标单位有较强的管理能力。现场上各承包商所需的生活基地、材料堆场、交通运输等需要进行安排和协调，要做好工程进度的各项衔接工作。

(3)选择合同计价方式

招标单位应在招标文件中明确规定合同的计价方式。计价方式主要有固定总价合同、单价合同和成本加酬金合同三种，同时规定合同价的调整范围和调整方法。

(4)确定招标方式

招标单位应当依法选定公开招标或邀请招标方式。

3. 编制招标有关文件和标底

(1)编制招标有关文件

招标有关文件包括资格审查文件、招标公告、招标文件、合同协议条款、评标办法等。这些文件都应采用工程所在地通用的格式文件编制。

(2)编制标底和招标控制价

标底是招标单位编制(包括委托他人编制)的招标项目的预期价格。在设立标底的招标投标过程中，它是一个十分敏感的指标。编制标底时，首先要保证其准确，应当由具备资格的机构和人员依据国家规定的技术经济标准定额及规范编制。其次要做好保密工作，对于泄露标底的有关人员应追究其法律责任。为了防止泄露标底，有些地区规定投标截止后编制标底。一个招标工程只能编制一个标底。标底只能作为评标的参考，不得以投标报价是否接近标底作为中标条件，也不得以投标报价超过标底上下浮动范围作为否决投标的条件。

招标控制价，在实际工作中也称拦标价、预算控制价、最高报价值、最高限价等，是指招标人根据国家或省级、行业建设主管部门颁发的有关计价依据(如价格定额)和办法，按设计施工图计算的，对招标工程限定的最高工程造价。为了有利于客观、合理的评审投标报价和避免哄抬标价，国有资金投资的项目进行招标时不设标底，招标人应编制招标控制价，招标控制价应在招标时公布。

4. 办理招标备案手续

按照法律法规的规定，招标单位将招标文件报建设行政主管部门备案，接受建设行政主管部门依法实施的监督。建设行政主管部门在审查招标单位的资格、招标工程的条件和招标文件等的过程中，发现有违反法律法规内容的，应当责令招标单位改正。

二、招标投标阶段

公开招标,从发布招标公告开始,若为邀请招标,则从发出投标邀请函开始,到投标截止日期为止称为招标投标阶段。在此阶段,招标人应做好招标的组织工作,投标人则按招标有关文件的规定程序和具体要求进行投标报价竞争。招标人应当合理确定投标人编制投标文件所需的时间,自招标文件开始发出之日起到投标截止之日止,最短不得少于 20 日。采用电子招标投标在线提交投标文件的,最短不得少于 10 日。

1. 招标单位发布招标公告或发出投标邀请书

实行公开招标的工程项目,招标人要在报纸、杂志、广播、电视等大众媒体或工程交易中心公告栏上发布招标公告,邀请一切愿意参加工程投标的不特定的承包商申请投标资格审查。实行邀请招标的工程项目应向 3 家以上符合资质条件的、资信良好的承包商发出投标邀请书,邀请他们参加投标。

发布招标公告的媒介有《中国日报》《中国经济导报》《中国建设报》和中国采购与招标网(网址:www.chinabidding.com.cn),依法必须招标的项目须在以上媒介发布招标公告。依法必须招标的国际招标项目应在《中国日报》发布招标公告。国家鼓励利用信息网络进行电子招标投标。数据电文形式与纸质形式的招标投标活动具有同等法律效力。

招标公告或投标邀请书应写明招标单位的名称和地址,招标工程的性质、规模、地点以及获取招标文件的办法等事项。

【特别提示】

国家发展和改革委员会发布 2017 年第 10 号令

国家发展改革委印发《招标公告和公式信息发布管理办法》(下称《办法》国家发展改革委 2017 年第 10 号令印发)。《办法》对原有招标公告发布制度进行修订,规定依法必须招标项目的招标公告、资格预审公告、中标候选人公示、中标结果公示等信息,应当在"中国招标投标公共服务平台"或者项目所在地省级电子招标投标公共服务平台等媒介发布,并依法向社会公开。"中国招标投标公共服务平台"负责汇总公开全国招标公告和公示信息。

发布媒介应当免费提供招标公告和公示信息发布服务,允许社会公众和市场主体免费查阅及在线反映情况、提出意见,并确保发布信息的数据电文不被篡改、不遗漏和至少10 年内可追溯。对于发布活动中的违法违规行为,任何单位和个人都有权向有关行政监督部门投诉、举报。

《办法》自 2018 年 1 月 1 日起施行。

2. 资格审查

招标单位或招标代理机构可以根据招标项目本身的要求,对潜在的投标单位进行资格审查。资格审查分为资格预审和资格后审两种。资格预审是指招标单位或招标代理机构在发放招标文件前,对报名参加投标的承包商的承包能力、业绩、资格和资质、注册建造师、纳税、财务状况和信誉等进行审查,并确定合格的投标单位名单;在评标时进行的资格审查称为资格后审。两种资格审查的内容基本相同。通常公开招标采用资格预审方法,邀请招标采用资格后审方法。

3. 发放招标文件

招标单位或招标代理机构按照资格预审确定的合格投标单位名单或者投标邀请书发放招标文件。

招标文件是全面反映招标单位建设意图的技术经济文件，又是投标单位编制标书的主要依据。招标文件的内容必须正确，原则上不能修改或补充。如果必须修改或补充的，须报招标投标主管部门备案，并在投标截止前15天以书面形式通知每一个投标单位，以便于他们修改投标书。该澄清、修改或补充的内容是招标文件的组成部分，对招标人和投标人都有约束力。

招标单位发放招标文件可以收取工本费，对其中的设计文件可以收取押金，宣布中标人后收回设计文件并退还押金。

4. 现场勘察

招标单位应当组织投标单位进行现场勘察，踏勘现场的目的是使投标人能够了解工程场地和周围环境情况，收集有关信息，使投标单位能结合现场提出合理的报价。现场勘察可安排在招标预备会议前进行，以便在会上解答现场勘察中提出的疑问。投标者现场考察的费用由投标者自己承担。

现场勘察时招标单位应介绍以下情况。

(1)现场是否已经达到招标文件规定的条件。

(2)现场的自然条件。包括地形地貌、水文地质、土质、地下水位及气温、风、雨、雪等气候条件。

(3)工程建设条件。工程性质和标段、可提供的施工临时用地和临时设施、料场开采、污水排放、通信、交通、电力、水源等条件。

(4)现场的生活条件和工地附近的治安情况等。

5. 标前会议

标前会议，又称招标预备会、答疑会，主要用来澄清招标文件中的疑问，解答投标单位提出的有关招标文件和现场勘察的问题。标前答疑是在现场踏勘后，由招标单位组织召开的一次招标文件答疑会，由招标单位对投标人根据现场勘察及招标文件研究后，所提出的关于招标文件中的疑问，进行逐一解答。事后，招标单位还应将在答疑会上的解答编制成书面备忘录，作为招标文件的有效补充，发给所有的投标者。它与招标文件具有同等的效力。对于投标单位有关招标文件的疑问，招标单位只能采取会议形式公开答复，不得私下单独做解释。

6. 投标有效期

招标文件应当载明投标有效期，投标有效期是指招标文件中规定一个适当的有效期限，在此期限内投标文件对投标人具有法律约束力。投标有效期从招标文件规定的提交投标截止之日起计算，至中标通知书签发日期止，对双方都有保护和约束作用。一方面，约束投标人在此期间不得随意更改和撤回投标文件；另一方面，促使招标方加快评标、定标和签约过程，从而保证投标人的投标不至于被招标方无限期拖延。招标项目的评标和定标活动应当在投标有效期结束日30个工作日前完成，如不能完成，则招标人应当通知所有投标人延长投标有效期。在原投标有效期结束之前，招标人可以通知所有投标人延长投标有效期。拒绝延长投标有效期的投标人有权收回投标保证金。同意延长投标有效期的投标人,应当相应延长其投标担保的有效期,但不得修改投标文件的实质性内容。

在提交投标文件截止时间后到招标文件规定的投标有效期终止之前,投标人不得补充、修改、替代或者撤回其投标文件。投标人撤回投标文件的,其投标保证金将被没收。

7. 投标保证金

投标保证金是为防止投标人不审慎考虑和进行投标活动而设定的一种担保形式,是投标人向招标人缴纳的一定数额的金钱。招标人发售招标文件后,不希望投标人不递交投标文件,或递交毫无意义或未经充分、慎重考虑的投标文件,更不希望投标人中标后撤回投标文件或不签署合同。因此,为了约束投标人的投标行为,保护招标人的利益,维护招标投标活动的正常秩序,特设立投标保证金制度,这也是国际上的一种习惯做法;投标保证金的收取和缴纳办法,应在招标文件中说明,并按招标文件的要求进行。

投标保证金的直接目的虽是保证投标人对投标活动负责,但其一旦缴纳和接受,对双方都有约束力。

对投标人而言,缴纳投标保证金后,如果投标人按规定的时间要求递交投标文件,在投标有效期内未撤回投标文件,经开标、评标获得中标后与招标人订立合同的,就不会丧失投标保证金。投标人未中标的,在定标发出中标通知书后,招标人原额退还其投标保证金;投标人中标的,在依中标通知书签订合同时,招标人原额退还其投标保证金。如果投标人未按规定的时间要求递交投标文件,在投标有效期内撤回投标文件,经开标、评标获得中标后不与招标人订立合同的,就会丧失投标保证金。而且,丧失投标保证金并不能免除投标人因此而应承担的赔偿和其他责任,招标人有权就此向投标人或投标保函出具者索赔或要求其承担其他相应的责任。

对招标人而言,收取投标保证金后,如果不按规定的时间要求接受投标文件,在投标有效期内拒绝投标文件,中标人确定后不与中标人订立合同的,则要双倍返还投标保证金。而且,双倍返还投标保证金并不能免除招标人因此而应承担的赔偿和其他责任,投标人有权就此向招标人索赔或要求其承担其他相应的责任。如果招标人收取投标保证金后,按规定的时间要求接受投标文件,在投标有效期内未拒绝投标文件,中标人确定后与中标人订立合同的,仅需原额退还投标保证金。

投标保证金可采用现金、支票、银行汇票,也可以是银行出具的银行保函。银行保函的格式应符合招标文件提出的格式要求。投标保证金的额度,根据工程投资大小由业主在招标文件中确定。在国际上,投标保证金的数额较高,一般设定在占投资总额的 1% ~ 5%。而我国的投标保证金数额,则普遍较低,如有的规定最高不超过 1000 元,有的规定一般不超过 5000 元,一般不超过投标总价的 2%。投标保证金有效期为直到签订合同或提供履约保函为止,通常为 3 ~ 6 个月,一般应超过投标有效期的 28 天。

8. 接受投标文件

招标单位应根据招标文件的规定,按照约定的时间、地点接受投标单位送交的投标文件,报招标办核准后,分发各投标单位,连同原招标文件作为编制投标文件的依据。

三、定标签约阶段

从开标日到签订合同这一期间称为定标签约阶段,是对投标文件进行评审比较,最终确定中标人的过程。定标签约阶段有开标、评标、定标、签约四项工作。

1. 开标

开标由招标人主持,所有投标单位参加,招标办的管理人员到场监督、见证。开标地点应为招标文件中确定的地点。开标时,由投标人或者其推选的代表检查投标文件的密封情况,也可由招标人委托的公证机关检查并公证;经确认无误后,由工作人员当众启封,宣读投标人名称、投标价格和投标文件的其他主要内容。整个开标过程应当记录,并存档备查。

【开标会】

时间:开标应当在招标文件确定的提交投标文件截止时间的同一时间公开进行。

地点:开标地点应当为招标文件中预先确定的地点。按照国家的有关规定和各地的实践,招标文件中预先确定的开标地点,一般均应为建设工程交易中心。

人员:参加开标会议的人员,包括招标人或其代表、招标代理人、投标人法定代表或其委托代理人、招标投标管理机构的监管人员和招标人自愿邀请的公证机构的人员等。评标组织成员不参加开标会议。开标会议由招标人或招标代理人组织,由招标人或招标人代表主持,并在招标投标管理机构的监督下进行。

程序:开标会议的程序,一般是:

(1)参加开标会议的人员签名报到,表明与会人员已到会。

(2)会议主持人宣布开标会议开始,宣读招标人法定代表资格证明或招标人代表的授权委托书,介绍参加会议的单位和人员名单,宣布唱标人员、记录人员名单。唱标人员一般由招标人的工作人员担任,也可以由招标投标管理机构的人员担任。记录人员一般由招标人或其代理人的工作人员担任。

(3)介绍工程项目有关情况,请投标人或其推选的代表检查投标文件的密封情况,并签字予以确认。也可以请招标人自愿委托的公证机构检查并公证。

(4)由招标人代表当众宣布评标定标办法。

(5)由招标人或招标投标管理机构的人员核查投标人提交的投标文件和有关证件、资料,检视其密封、标志、签署等情况。经确认无误后,当众启封投标文件,宣布核查检视结果。

(6)由唱标人员进行唱标。唱标是指公布投标文件的主要内容,当众宣读投标文件的投标人名称、投标报价、工期、质量、主要材料用量、投标保证金、优惠条件等主要内容。唱标顺序按各投标人报送的投标文件时间先后的逆顺序进行。

(7)由招标投标管理机构当众宣布审定后的标底。

(8)由投标人的法定代表人或其委托代理人核对开标会议记录,并签字确认开标结果。

开标会议的记录人员应现场制作开标会议记录,将开标会议的全过程和主要情况,特别是投标人参加会议的情况、对投标文件的核查检视结果、开启并宣读的投标文件和标底的主要内容等,当场记录在案,并请投标人的法定代表或其委托代理人核对无误后签字确认。开标会议记录应存档备查。投标人在开标会议记录上签字后,即退出会场。至此,开标会议结束,转入评标阶段。

【无效条件】

（1）未按招标文件的要求标志、密封的；

（2）无投标人公章和投标人的法定代表人或其委托代理人的印鉴或签字的；

（3）投标文件标明的投标人在名称和法律地位上与通过资格审查时不一致，且这种不一致明显不利于招标人或为招标文件所不允许的；

（4）未按招标文件规定的格式、要求填写，内容不全或字迹潦草、模糊，辨认不清的；

（5）投标人在一份投标文件中对同一招标项目报有两个或多个报价，且未书面声明以哪个报价为准的；

（6）逾期送达的；

（7）投标人未参加开标会议的；

（8）提交合格的撤回通知的。

有上述情形，如果涉及投标文件实质性内容的，应当留待评标时由评标组织评审、确认投标文件是否有效。实践中，对在开标时就被确认无效的投标文件，也有不启封或不宣读的做法。如投标文件在启封前被确认为无效的，不予启封；在启封后唱标前被确认为无效的，不予宣读。在开标时确认投标文件是否无效，一般应由参加开标会议的招标人或其代表进行，确认的结果投标当事人无异议的，经招标投标管理机构认可后宣布。如果投标当事人有异议的，则应留待评标时由评标组织评审确认。

2. 评标、定标

评标是由评标小组对所有的投标者进行评比、审定的过程。即根据送交招标办审核批准的评标办法，由评标小组在所有的投标者中，推选一个最适合招标工程的承包商，作为中标单位，并报招标办审核。依法必须进行招标的项目，其评标委员会由招标人的代表和有关技术、经济等方面的专家组成，成员人数为五人以上单数，其中技术、经济等方面的专家不得少于成员总数的三分之二。

评标专家应当从事相关领域工作满八年并具有高级职称或者具有同等专业水平，由招标人从国务院有关部门或者省、自治区、直辖市人民政府有关部门提供的专家名册中确定。一般招标采用随机抽取的方法选定。

【评标会的程序】

（1）开标会结束后，投标人退出会场，参加评标会的人员进入会场，由评标组织负责人宣布评标会开始。

（2）评标组织成员审阅各个投标文件，主要检查确认投标文件是否实质上响应招标文件的要求；投标文件正副本之间的内容是否一致；投标文件是否有重大漏项、缺项；是否提出了招标人不能接受的保留条件等。

（3）评标组织成员根据评标定标办法的规定，只对未被宣布无效的投标文件进行评议，并对评标结果签字确认。

（4）如有必要，评标期间，评标组织可以要求投标人对投标文件中不清楚的问题做必要的澄清或者说明，但是，澄清或者说明不得超出投标文件的范围或改变投标文件的实质性内容。所澄清和确认的问题，应当采取书面形式，经招标人和投标人双方签字后，作为投标文件的组成部分，列入评标依据范围。在澄清会谈中，不允许招标人和投标人变更或寻求变更价格、工期、质量等级等实质性内容。开标后,投标人对价格、工期、质量等级等实质性内容提出的任何修正声明或者附加优惠条件,一律不得作为评标组织评标的依据。

(5)评标组织负责人对评标结果进行校核,按照优劣或得分高低排出投标人顺序,并形成评标报告,经招标投标管理机构审查,确认无误后,即可据评标报告确定出中标人。至此,评标工作结束。

3. 决标、签发中标通知书

招标办在收到招标单位填妥的中标通知书后,应及时签证,以作为中标结果的凭证。同时,招标单位应将中标通知书及未中标通知书同时发送中标单位和未中标单位。

4. 签订合同

招标人和中标人应当自中标通知书发出之日起 30 日内,按照招标文件和中标人的投标文件签订书面合同。招标人和中标人不得再行订立背离合同实质性内容的其他协议。招标文件要求中标人提交履约保证金的,中标人应当提交。招标人与中标人签订合同后 5 个工作日内,应当向中标人和未中标的投标人退还投标保证金。

《招标投标法》规定:依法必须进行招标的项目,招标人应当自订立书面合同之日起 15 日内,向有关行政监督部门提交招标投标和合同订立情况的书面报告及合同副本,并且招标人和中标人应当公布合同履行情况。这是国家对招标投标活动所进行的监督活动之一。

履约保证金或履约保函是为约束招标人和中标人履行各自的合同义务而设立的一种合同担保形式。其有效期通常为 2 年,一般至履行了义务(如提供了服务、交付了货物或工程已通过了验收等)为止。招标人和中标人订立合同相互提交履约保证金或者履约保函时,应注意指明履约保证金或履约保函到期的具体日期,不能具体指明到期日期的,也应在合同中明确履约保证金或履约保函的失效时间。如果合同规定的项目在履约保证金或履约保函到期日未能完成的,则可以对履约保证金或履约保函展期,即延长履约保证金或履约保函的有效期。履约保证金或履约保函的金额,通常为合同标的额的 5％ ～10％,也有的规定不超过合同金额的 5％。合同订立后,应将合同副本分送各有关部门备案,以便接受保护和监督。至此,招标工作全部结束。招标工作结束后,应将有关文件资料整理归档,以备查考。

第三节　建设工程招标的资格审查

招标人可以根据招标项目本身的特点和需要,要求潜在投标人或者投标人提供满足其资格要求的文件,对潜在投标人或者投标人进行资格审查。

一、资格审查的分类

资格审查分为资格预审和资格后审。

资格预审是指在投标前对潜在投标人进行的资格审查。资格预审是在招标阶段对申请投标人第一次选择,目的是审查投标人的企业总体能力是否符合招标工程的需要,排除那些不合格的投标人,进而降低招标人的采购成本,提高招标工作的效率,可以吸引实力雄厚的投标人参加竞争。只有公开招标才设置此程序。

资格后审是指在开标后对投标人进行的资格审查。进行资格预审的,一般不再进行资格后审,但招标文件另有规定的除外。资格后审适用于那些工期紧迫、工程较为简单的建设项目,审查的内容与资格预审基本相同。

二、资格审查的内容

资格审查应主要审查潜在投标人或者投标人是否符合下列条件。必须满足的条件,包括基本条件和强制性条件。

1. 基本条件

基本条件包括:

① 营业执照——允许承接施工工作范围符合招标工程要求;

② 资质等级——达到或超过项目要求标准;

③ 财务状况——通过开户银行的资信证明来体现;

④ 流动资金——不少于预计合同价的百分比(例如 5%);

⑤ 履约情况——没有毁约被驱逐的历史。

2. 强制性条件

强制性条件并非是每个招标项目都必须设置的条件。对于大型复杂工程或有特殊专业技术要求的施工招标,通常在资格预审阶段需考察申请投标人是否具有同类工程的施工经验和能力。强制性条件根据招标工程的施工特点设定具体要求,该项条件不一定与招标工程的实施内容完全相同,只要与本项工程的施工技术和管理能力在同一水平即可。

三、资格审查的程序

1. 发出资格预审公告

指招标人向潜在投标人发出的参加资格预审的广泛邀请。进行资格预审的,招标人可以发布资格预审公告。资格预审公告的发布方式和内容与招标公告相同。详见范本 2-1。

范本 2-1 资格预审公告

第一章 资格预审公告
_____(项目名称)_____标段施工招标
资格预审公告(代招标公告)

1. 招标条件

本招标项目_____(项目名称)已由_____(项目审批、核准或备案机关名称)以_____(批文名称及编号)批准建设,项目业主为_____,建设资金来自_____(资金来源),项目出资比例为_____,招标人为_____。项目已具备招标条件,现进行公开招标,特邀请有兴趣的潜在投标人(以下简称申请人)提出资格预审申请。

2. 项目概况与招标范围

_____(说明本次招标项目的建设地点、规模、计划工期、招标范围、标段划分等)。

3．申请人资格要求

3.1　本次资格预审要求申请人具备_____资质，_____业绩，并在人员、设备、资金等方面具备相应的施工能力。

3.2　本次资格预审_____（接受或不接受）联合体资格预审申请。联合体申请资格预审的，应满足下列要求：_____。

3.3　各申请人可就上述标段中的_____（具体数量）个标段提出资格预审申请。

4．资格预审方法

本次资格预审采用_____（合格制/有限数量制）。

5．资格预审文件的获取

5.1　请申请人于_____年_____月_____日至_____年_____月_____日（法定公休日、法定节假日除外），每日上午_____时至_____时，下午_____时至_____时（北京时间，下同），在_____（详细地址）持单位介绍信购买资格预审文件。

5.2　资格预审文件每套售价_____元，售后不退。

5.3　邮购资格预审文件的，需另加手续费（含邮费）_____元。招标人在收到单位介绍信和邮购款（含手续费）后_____日内寄送。

6．资格预审申请文件的递交

6.1　递交资格预审申请文件截止时间（申请截止时间，下同）为_____年_____月_____日_____时_____分，地点为_____。

6.2　逾期送达或者未送达指定地点的资格预审申请文件，招标人不予受理。

7．发布公告的媒介

本次资格预审公告同时在_____（发布公告的媒介名称）上发布。

8．联系方式

招 标 人：_____	招标代理机构：_____
地　　址：_____	地　　　　址：_____
邮　　编：_____	邮　　　　编：_____
联 系 人：_____	联　系　人：_____
电　　话：_____	电　　　　话：_____
传　　真：_____	传　　　　真：_____
电子邮件：_____	电 子 邮 件：_____
网　　址：_____	网　　　　址：_____
开户银行：_____	开 户 银 行：_____
账　　号：_____	账　　　　号：_____

_____年___月___日

2．发出资格预审文件

招标公告或资格预审公告后，招标人向申请参加资格预审的申请人出售资格预审文件。资格预审的内容包括基本资格审查和专业资格审查两部分。基本资格审查是指对审查人的合格地位和信誉等进行的审查，专业资格审查是对已经具备基本资格的申请人履行拟定招标采购项目能力的审查。

招标人应当按资格预审公告规定的时间、地点发出资格预审文件。自资格预审文件开始发出之日起至停止发出之日止,最短不得少于 5 个工作日。资格预审文件发出后,不予退还。

3. 对潜在投标人资格的审查

招标人在规定的时间内,按照资格预审文件中规定的标准和方法,对提交资格预审申请书的潜在投标人资格进行审查。资格预审和资格后审的内容是相同的。资格审查时,招标人不得以不合理的条件限制、排斥潜在投标人或者投标人实行歧视待遇。任何单位和个人不得以行政手段或者其他不合理方式限制投标人的数量。

4. 发出资格预审合格通知书

资格预审结束后,招标人应当向通过资格预审的申请人发出资格预审通过通知书,告知获取招标文件的时间、地点和方法,并同时向未通过资格预审的申请人书面告知其资格预审结果。未通过资格预审的申请人不得参加投标。通过资格预审的申请人不足 3 个的,依法必须招标的项目的招标人应当重新进行资格预审或者不经资格预审直接招标。资格预审合格通知书的主要内容参见范本 2-2。

范本 2-2　投标申请人资格预审合格通知书

致:(预审合格的投标申请人名称)

鉴于你方参加了我方组织的招标工程项目编号为＿＿＿的(招标工程名称)工程施工技术投标资格预审,经我方审定,资格预审合格。现通知你方作为资格预审合格的投标人就上述工程施工进行密封投标,并将其他有关事宜告知如下:

1. 凭本通知书于＿＿＿年＿＿＿月＿＿＿日至＿＿＿年＿＿＿月＿＿＿日,每天上午＿＿＿时＿＿＿分至＿＿＿时＿＿＿分,下午＿＿＿时＿＿＿分至＿＿＿时＿＿＿分(公休日、节假日除外),到(地点和单位名称)购买招标文件。招标文件每套售价为(币种,金额,单位),无论是否中标,该费用不予退还。另需交纳图纸押金(币种,金额,单位),当投标人退回图纸时,该押金将同时退还给投标人(不计利息)。上述资料如需邮寄,可以书面形式通知招标人,并另加邮费每套(币种,金额,单位)。招标人在收到邮购款＿＿＿日内,以快递方式向投标人寄送上述资料。

2. 收到本通知书后＿＿＿日内,请以书面形式予以确认。如果你方不准备参加本次投标,请于＿＿＿年＿＿＿月＿＿＿日前通知我方。

招标人:(盖章)

办公地址:

邮政编码:	联系电话:
传　　真:	联系人:

招标代理机构:

办公地址:

邮政编码:	联系电话:
传　　真:	联系人:
日　　期:＿＿＿年＿＿＿月＿＿＿日	

四、资格审查文件的编制

1. 资格审查文件编制的目的

招标人利用资格预审程序可以较全面地了解申请投标人各方面的情况,并将不合格或竞争能力较差的投标人淘汰,以节省评标时间。一般情况下,招标人只通过资格预审文件了解申请投标人的各方面情况,不向投标人当面了解,所以资格预审文件编制水平直接影响后期招标工作。

2. 资格审查文件的内容

《标准施工招标资格预审文件》包括资格预审公告、申请人须知、资格预审办法、资格预审格式和项目建设概况五章内容。

第一章　资格预审公告。包括招标条件,项目概况与招标范围,申请人资格要求,资格预审方法,资格预审文件的获取,资格预审申请文件的递交,发布公告的媒介和联系方式几个部分。

第二章　申请人须知。资格预审须知主要包括以下内容:

(1)总则。在总则中分别列出招标人名称、项目名称、资金来源、项目概述等。

(2)资格预审文件。资格预审文件包括资格预审公告、申请人须知、资格审查办法、资格预审申请文件格式、项目建设概况,以及资格预审文件的澄清和资格预审文件的修改。

(3)资格预审申请文件。资格预审申请文件主要包括:①资格预审申请函;②法定代表人身份证明或附有法定代表人身份证明的授权委托书;③联合体协议书;④申请人基本情况表;⑤近年财务状况表;⑥近年完成的类似项目情况表;⑦正在施工和新承接的项目情况表;⑧近年发生的诉讼及仲裁情况。

(4)资格预审申请文件的递交。资格预审申请文件应按照规定要求填写,并在规定时间递交。

(5)资格预审申请文件的审查。

(6)通知和确认。招标人在申请人须知前附表规定的时间内以书面形式将资格预审结果通知申请人,并向通过资格预审的申请人发出投标邀请书。

第三章　资格审查办法。资格审查办法一般分为合格制和有限数量制两种。合格制不限定资格审查合格数量,凡通过各项资格审查设置的考核因素和标准者均可参加投标。

有限数量制则预先限定通过资格预审的人数,依据资格审查标准和程序,将审查的各项指标量化,最后按得分由高到低的顺序确定通过资格预审的申请人。通过资格预审的申请人不得超过限定的数量。一般情况下应当采用合格制,凡符合资格预审文件规定的资格条件的资格预审申请人,都可通过资格预审。潜在投标人过多的,可采用有限数量制。

第四章　资格预审申请文件格式。为了让资格预审申请人按统一的格式递交申请书,在资格预审文件中按通过资格预审的条件编制成统一的表格。让申请人填报,以便申请人公平竞争,对其进行公证评审。

第五章 项目建设概况。项目建设概况包括项目说明、建设条件、建设要求和其他需要说明的情况。

第四节 招标文件的编制

建设工程招标文件,是建设工程招标单位单方面阐述自己的招标条件和具体要求的意思表示,是招标单位确定、修改和解释有关招标事项的各种书面表达形式的统称。从合同订立过程来分析,建设工程招标文件在性质上属于一种要约邀请,其目的在于引起投标单位的注意,希望投标单位能按照招标单位的要求向招标单位发出要约。凡不满足招标文件要求的投标书,将被招标单位拒绝。

一、招标文件的组成

我国近年来工程招标逐步走向规范化,在招标文件编制中,有的部委提供了指导性的招标文件范本,为规范招标工作起到了积极作用。建设部在 1996 年 12 月发布了《工程建设施工招标文件范本》,2003 年 1 月 1 日《房屋建筑和市政基础设施工程施工招标文件范本》正式实施。2007 年 11 月 1 日国家发改委令第 56 号发布《中华人民共和国标准施工招标文件》(2007 年版),由国家发改委、财政部、建设部等九部委联合编制,自 2008年 5 月 1 日起试行。

为了使招标规范、公正、公开、公平,使工程施工管理顺利进行,招标文件必须表明:招标单位选择投标单位的原则和程序,如何投标,建设背景和环境,项目技术经济特点,招标单位对项目在进度、质量等方面的要求,工程管理方式等。归纳起来包括商务、技术、经济、合同等方面。

一般来说,施工招标文件在形式上的构成,主要包括正式文本、对正式文本的解释和对正式文本的修改三部分。施工招标文件正式文本的形式结构通常分卷、章、节。

《标准施工招标文件》(2007 年版)共包括四卷八章,具体内容如下。

第一卷　第一章　招标公告(投标邀请书)(见范本 2－3)。
　　　　第二章　投标人须知(见表 2－3)。
　　　　第三章　评标办法。
　　　　第四章　合同条款及格式。
　　　　第五章　工程量清单。
第二卷　第六章　图纸(略)。
第三卷　第七章　技术标准和要求(略)。
第四卷　第八章　投标文件格式(见第四章)。

二、施工招标文件的主要内容

施工招标文件一般包含下列几个方面的内容,即投标邀请书、投标人须知、合同通用条款、合同专用条款、合同格式、技术规范、投标书及其附录与投标保证格式、工程量清单与报价表、辅助资料表、资格审查表、图纸等,下面分别进行介绍。

范本 2-3 招标公告范例

某市政府办公楼工程招标公告

1. 招标条件

本招标项目某政府办公楼工程(项目名称)已由某市发改委批准建设,项目业主为某市政府,建设资金来自政府投资,项目已具备招标条件,现对该项目的施工进行公开招标。

2. 项目概况与招标范围

建设地点:某市政府院内

规模:3000m²

计划工期:2009 年 10 月 1 日开工,2010 年 3 月 10 日竣工

招标范围:土建、装饰

3. 投标人资格要求

3.1 本次招标要求投标人须具备工程总承包三级及以上资质,并在人员、设备、资金等方面具有相应的施工能力。

3.2 本次招标不接受联合体投标。

4. 招标文件的获取

4.1 凡有意参加的投标者,请于 2009 年 6 月 20 日至 2009 年 6 月 26 日(法定公休日、法定节假日除外),每日上午 9 时至 11 时,下午 2 时至 4 时(北京时间,下同),在某市工程交易中心持单位介绍信购买招标文件。

4.2 招标文件每套售价 500 元,售后不退。图纸押金 500 元,在退还图纸时退还(不计利息)。

5. 投标文件的递交

5.1 投标文件递交的截止时间(投标截止时间,下同)为 2009 年 7 月 29 日 9 时 0 分,地点为某市工程交易中心。

5.2 逾期送达的或者未送达指定地点的投标文件,招标人不予受理。

6. 发布公告的媒介

本次招标公告同时在某市晚报、某市招标信息网上发布。

7. 联系方式

招标人:_____   招标代理机构:_____

地　　址:_____   地　　址:_____

邮　　编:_____   邮　　编:_____

联 系 人:_____   联 系 人:_____

电　　话:_____   电　　话:_____

传　　真:_____   传　　真:_____

电子邮件:_____   电 子 邮 件:_____

网　　址:_____   网　　址:_____

开户银行:_____   开 户 银 行:_____

账　　号:_____   账　　号:_____

1. 招标公告

招标公告适用于资格预审方式的公开招标,主要内容有:

(1)招标条件。内容包括:工程建设项目名称;项目审批、核准或备案机关名称;项目业主名称;项目资金来源和出资比例;招标人名称;该项目已具备招标条件。

(2)工程建设项目概况与招标范围。对工程建设项目建设地点、规模、计划工期、招标范围等进行概括性描述,使潜在投标人能够初步判断是否有意愿以及自己是否有能力承担项目的实施。

(3)资格预审的投标人资格要求。申请人应具备的工程施工资质等级、类似业绩、安全生产许可证、质量认证体系证书,以及对财务、人员、设备、信誉等能力和方面的要求;是否允许联合体申请投标以及相应要求。

(4)招标文件获取的时间、方式、地点、价格。应满足发售时间不少于 5 个工作日;写明招标文件的发售地点;招标文件的售价应合理,不得以营利为目的;招标文件售出后,不予退还。

(5)投标文件递交的截止时间、地点。根据招标项目具体特点和需要确定投标文件递交的截止时间,注意应从招标文件开始发售到投标文件截止日不得少于 20 日。送达地点要详细告知。对于逾期送达的或者未送达指定地点的投标文件,招标人不予受理。

(6)公告发布媒体。按照有关规定同时发布本次招标公告媒体名称。

(7)联系方式。包括招标人和招标代理机构的联系人、地址、邮编、电话、传真、电子邮箱、开户银行和账号等。

2. 投标人须知前附表及投标人须知

投标人须知是招标文件中很重要的一部分内容,投标者在投标时必须仔细阅读和理解,按须知中的要求进行投标,其内容包括:总则、招标文件、投标文件、投标、开标、评标、重新招标和不再招标与需要补充的其他内容等。

(1)投标人须知前附表

投标须知中首先应列出前附表,将项目招标主要内容列在表中,便于投标单位了解招标基本情况,见表 2-3。

(2)投标人须知

投标人须知是指导投标单位进行报价的依据,规定编制投标文件和投标的一般要求,招标文件范本关于投标人须知内容规定有七个部分:1)总则;2)招标文件;3)投标文件的编制;4)投标文件的提交;5)开标;6)评标;7)合同的授予。

1)总则

① 工程说明。见表 2-3 第 1~5 项。

② 招标范围及工期。见表 2-3 第 6、7 项。包括:工程概况,资金来源及到位情况,现场开工条件(三通一平等),招标方式,投标人数量,投标人资格条件,招标范围,合同形式,计划开工、竣工日期,质量标准,开标、截标时间和地点,履约担保等。

③ 资金来源。见表 2-3 第 8 项。

④ 合格的投标单位。见表 2-3 第 9、10 项。

⑤ 勘察现场。见表 2-3 第 14 项。

⑥ 投标费用。由投标单位承担。

表 2-3　投标人须知前附表

项号	条款号	内容	说明与要求
1		工程名称	
2		建设地点	
3		建设规模	
4		承包方式	
5		质量标准	
6		招标范围	
7		工期要求	＿＿＿＿年＿＿＿＿月＿＿＿＿日计划开工，＿＿＿＿年＿＿＿＿月＿＿＿＿日计划竣工，施工总工期＿＿＿＿日历天
8		资金来源	
9		投标单位资质等级要求	
10		资格审查方式	
11		工程报价方式	
12		投标有效期	＿＿＿＿日历天（从投标截止之日算起）
13		投标单位担保	不少于投标总价的＿＿＿＿%或＿＿＿＿（币种、金额、单位）
14		勘察现场	集合时间：＿＿＿年＿＿＿月＿＿＿日＿＿＿时＿＿＿分 集合地点：＿＿＿＿
15		投标单位的替代方案	
16		投标文件份数	一份正本，＿＿＿＿份副本
17		投标文件提交地点及截止时间	收件人：＿＿＿＿ 时间：＿＿＿年＿＿＿月＿＿＿日＿＿＿时＿＿＿分
18		开标	开始时间：＿＿＿年＿＿＿月＿＿＿日＿＿＿时＿＿＿分 地点：＿＿＿＿
19		评标方法及标准	
20		履约担保金额	投标单位提供的履约担保金额为合同价款的＿＿＿＿%或＿＿＿＿（币种、金额、单位） 投标单位提供的支付担保金额为合同价款的＿＿＿＿%或＿＿＿＿（币种、金额、单位）

2)招标文件

① 招标文件的澄清。投标单位提出的疑问和招标单位自行的澄清,应规定什么时间以书面形式说明,并向各投标单位发送。投标单位收到后以书面形式确认。澄清是招标文件的组成部分。

② 招标文件的修改。指招标单位对招标文件的修改。修改的内容应以书面形式发送至每一投标单位;修改的内容为招标文件的组成部分;修改的时间应在招标文件中明确。

3)对投标文件的编制要求

投标文件的编制应符合以下要求:

① 投标文件的语言及度量衡单位。招标文件应规定投标文件适用何种语言;国内项目投标文件使用中华人民共和国法定的计量单位。

② 投标文件的组成说明。投标文件由投标函、商务部分和技术部分三部分组成。如采用资格后审还包括资格审查文件。投标资信文件(也称投标函部分)主要包括法定代表人身份证明书、投标文件签署授权委托书、投标函以及其他投标资料(包括营业执照、房屋建筑工程施工总承包三级及以上资质、安全生产许可证等)。

商务部分分两种情况:采用综合单价形式的包括投标报价说明、投标报价汇总表、主要材料报价表、设备清单报价表、工程量清单报价表、措施项目报价表、其他项目报价表、工程预算书。采用工料单价形式的,包括编制说明、工程费用计算程序表、三材汇总表、材料汇总表。

技术部分主要包括下列内容:施工组织设计(包括投标单位应编制的施工组织设计,拟投入的主要施工机械设备表,劳动力计划表,计划开工、竣工日期,施工进度网络图和施工总平面图),项目管理机构配备情况(包括项目管理机构配备情况表、项目经理简历表、项目技术负责人简历表和项目管理机构配备情况辅助说明资料)和拟分包项目情况表。

③ 投标担保。投标单位提交投标文件的同时,按照表2-3第13项规定提交投标担保。投标担保可采用银行保函、专业担保公司的保证,或保证金担保方式,具体方式由招标单位在招标文件中规定。投标担保的担保金额一般不超过投标总价的2‰,最高不得超过50万元人民币。招标单位要求投标单位提交投标担保的,应当在招标文件中载明。投标单位应当按照招标文件要求的方式和金额,在规定的时间内向招标单位提交投标担保。投标单位未提交投标担保或提交的投标担保不符合招标文件要求的,其投标文件无效。投标担保的有效期应当在合同中约定。投标有效期为从招标文件规定的投标截止之日起到完成评标和招标单位与中标人签订合同的30~180天。

投标单位有下列情况之一的,投标保证金不予返还:在投标有效期内,投标单位撤回其投标文件的;自中标通知书发出之日起30日内,中标人未按该工程的招标文件和中标人的投标文件的要求,与招标单位签订合同的;在投标有效期内,中标人未按招标文件的要求向招标单位提交履约担保的;在招标投标活动中被发现有违法违规行为,正在立案查处的。招标单位应在与中标人签订合同后5个工作日内,向中标人和未中标的投标单位退还投标保证金和投标保函。

④ 投标单位的备选方案。如果表2-3第15项中允许投标单位提交备选方案时,投标单位除提交正式投标文件外,还可提交备选方案。备选方案应包括设计计算书、技术规范、单价分析表、替代方案报书书、所建议的施工方案等资料。

⑤ 投标文件的份数和签署。见表2-3第16项所列。

4）投标文件的提交

投标文件的提交包括以下内容：

① 投标文件的装订、密封和标记。

② 投标文件的提交。见表2-3第17项规定。

③ 投标文件提交的截止时间。见表2-3第17项规定。

④ 迟交的投标文件，将被拒绝投标并退回给投标单位。

⑤ 投标文件的补充、修改与撤回。

⑥ 资格预审申请书材料的更新。

5）开标

开标包括以下内容：

① 开标。见表2-3第18项规定，并邀请所有投标单位参加。

② 审查投标文件的有效性。

6）评标

评标包括以下内容：

① 评标委员会与评标。

② 评标过程的保密。

③ 资格后审。

④ 投标文件的澄清。

⑤ 投标文件的初步评审。

⑥ 投标文件计算错误的修正。

⑦ 投标文件的评审、比较和否决。

7）合同的授予

合同的授予包括以下内容：

① 合同授予标准。招标单位不承诺将合同授予投标报价最低的投标单位。招标单位发出中标通知书前，有权依评标委员会的评标报告拒绝不合格的投标。

② 中标通知书。中标人确定后，招标单位将于15日内向工程所在地的县级以上地方人民政府建设行政主管部门提交施工招标情况的书面报告；建设行政主管部门收到该报告之日起5日内，未通知招标单位在招标投标活动中有违法行为的，招标单位向中标人发出中标通知书，同时通知所有未中标人；招标单位与中标人订立合同后5日内向其他投标单位退还投标保证金。

③ 合同协议书的订立。中标通知书发出之日起30日内，根据招标文件和中标人的投标文件订立合同。

④ 履约担保。见表2-3第20项。

（3）编制投标人须知应遵循的基本要求

1）给予的做标时间不应短于20天；

2）要求投标人不得对招标工程量清单进行修改；

3）招标文件中的计划或要求工期不得少于现行定额工期的85%，有缩短定额工期标

准要求的,招标文件应明确;

4)投标人资格条件不得带有排斥潜在投标人的内容;

5)投标人须知中应载明投标担保的方式;

6)截标时间和开标时间应当一致;

7)招标文件中必须载明详细的评标办法,明确阐明评标和定标的具体、详细的程序和方法等;

8)关于工程量清单,招标单位按国家颁布的统一工程项目划分、统一计量单位和统一工程量计算规则,根据施工图计算工程量,提供给投标单位作为投标报价的基础,结算拨付工程款时以实际工程量为依据。

【特别提示:定额工期】

在一定的经济和社会条件下,在一定时间内由建设行政主管部门制定并发布项目建设所消耗的时间标准。具有法规性、普遍性和科学性,对建设项目的工期有指导意义。建设单位要求缩短工期者,凡单项工程定额工期在二年以内,缩短工期不超过定额工期的 12%。二年以上的,缩短定额工期不超过 15%。

3. 评标办法

招标文件中必须注明将采取的评标办法。通常情况下,建设工程施工招标采取以下两种办法,即经评审的最低投标价法和综合评估法。制定评标办法的原则:

(1)内容应具体、详细和明确,能够满足评标的需要;

(2)应说明专家组成及途径;

(3)应最大限度满足招标文件规定的各项综合评价标准;

(4)对所需施工技术相对简单和比较成熟且规模不大(总建筑面积在 2 万平方米以内)的一般工程,可以采用经评审的最低投标价法,其他优先采用综合评估的方法。

具体评标的办法将在本教材第四章讲述。

4. 合同条款及格式

包括合同通用条款和合同专用条款。合同文件格式有:合同协议书,房屋建设工程质量保修书,承包方银行履约保函、承包方履约担保书或承包方履约保证金,承包方预付款银行保函,发包方支付担保银行保函或发包方支付担保书等。

5. 工程量清单与报价表

2008 年 12 月 1 日国家建设部颁布施行《建设工程工程量清单计价规范》(GB 50500—2008),自此,工程量清单成为建设工程计价的主要方式,工程量清单成为招标文件的重要组成部分。2012 年 12 月 25 日,住房和城乡建设部颁布实施《建设工程工程量清单计价规范》(GB 50500—2013),对计价方法、工程量清单编制、招标控制价、投标报价、工程计量、合同价款调整等做出了一般规定,适用于建设工程发承包及实施阶段的计价活动。使用国有资金投资的建设工程发承包,必须采用工程量清单计价。招标工程量清单必须作为招标文件的组成部分,其准确性和完整性应由招标人负责。

(1)相关概念

1)工程量清单的含义

所谓工程量清单,是指表现拟建工程的分部分项工程项目、措施项目、其他项目名称和相应数量的明细清单。

招标工程量清单是建设工程招标文件的重要组成部分。它是指由建设工程招标人依据国家标准、招标文件、设计文件以及施工现场实际情况编制的,随招标文件发布供投标报价的工程量清单,包括其说明和表格。主要内容有:分部分项工程项目清单、措施项目清单、其他项目清单。

2)工程量清单计价方法

工程量清单计价方法是建设工程招标投标中,招标人按照国家统一的工程量计算规则提供工程数量,由投标人依据工程量清单自主报价,并按照经评审低价中标的工程造价的计价方式。

3)工程量清单计价

工程量清单计价是指投标人完成由招标人提供的工程量清单所需要的全部费用,包括分部分项工程费、措施项目费、其他项目费和规费、税金。

(2)工程量清单的内容和编制

1)工程量清单的内容

工程量清单应以单位工程为单位编制,应由分部分项工程项目清单、措施项目清单、其他项目清单、规费和税金项目清单组成。

① 分部分项工程量清单

a. 分部分项工程量清单必须载明项目编码、项目名称、项目特征、计量单位和工程量;

b. 分部分项工程量清单必须根据相关工程现行国家计量规范规定的项目编码、项目名称、项目特征、计量单位和工程量计算规则进行编制;

c. 分部分项工程量清单的项目名称应按规定的项目名称结合拟建工程的实际确定;

d. 分部分项工程量清单中所列工程量应按规定的工程量计算规则计算;

e. 分部分项工程量清单的计量单位应按规定的计量单位确定。

② 措施项目清单

措施项目是指为完成工程项目施工,发生于该工程施工前和施工过程中的非工程实体项目。

措施项目主要包括安全文明施工(含环境保护、文明施工、安全施工、临时设施),夜间施工,二次搬运,冬雨季施工,大型机械设备进出场及安拆,施工排水,施工降水,地上、地下设施,建筑物的临时保护设施,已完工程及设备保护。

措施项目清单应根据拟建工程的实际情况列项;措施项目中可以计算工程量的项目清单宜采用分部分项工程量清单的方式编制,列出项目编码、项目名称、项目特征、计量单位和工程量计算规则;不能计算工程量的项目清单,以"项"为计量单位。

③ 其他项目清单

应根据拟建工程的具体情况,参照以下内容列项:暂列金额、暂估价、计日工、总承包服务费。

④ 规费和税金项目清单

规费项目清单应按照下列内容列项:社会保障费(包括养老保险费、失业保险费、医疗保险费、工伤保险费、生育保险费)、住房公积金、工程排污费。未列项目,应根据省级政府或省级有关部门的规定列项。

税金项目清单包括下列内容:营业税、城市维护建设税、教育费附加、地方教育附加。未列项目,应根据税务部门的规定列项。

2)工程量清单的编制

① 工程量清单由有编制招标文件能力的招标人,或由其委托给具有相应资质的咨询、项目管理、招标代理机构编制。

② 工程量清单作为招标文件的组成部分。

③ 分部分项工程量清单的项目编码、项目名称、计量单位和工程量计算规则,均按《建设工程工程量清单计价规范》的附录 A、附录 B、附录 C、附录 D、附录 E 的规定统一编制。在上述附录中未包括的项目,编制人可相应补充,并报省、自治区、直辖市工程造价管理机构备案。

④ 措施项目清单及其他项目清单可根据工程实际情况参照《建设工程工程量清单计价规范》中 3.3 条及 3.4 条所列内容列项编制。

6. 图纸

图纸是合同文件的重要组成部分,是投标人据以拟定施工方案,确定施工方法和核算工程量及报价的重要资料,也是进行施工及验收的依据。通常招标时的图纸并不是工程所需的全部图纸,在投标人中标后还会陆续绘制新的图纸以及对招标时的图纸进行修改。因此,在招标文件中,除了附上招标图纸外,还应该列明图纸目录。图纸目录一般包括:序号、图名、图号、版本、出图日期等。图纸目录以及相对应的图纸将对施工过程的合同管理以及争议解决发挥重要作用。

7. 技术标准和要求

技术标准和要求也是合同文件的组成部分。技术标准的内容主要包括各项工艺指标、施工要求、材料检验标准,以及各分部分项工程施工成型后的检验手段和验收标准等。有些项目根据所处行业的习惯,也将工程项目的计量支付内容写进技术标准和要求中。项目的专业特点和所引用的行业标准的不同,决定了不同项目的技术标准和要求存在区别,同样的一项技术指标,可引用的行业标准和国家标准可能不止一个,一般应以清单方式列出本工程适用的规范及标准。而技术要求则应当包括深化设计要求、施工(或货物)要求、验收要求、保修要求、材料要求等。

8. 投标文件格式

投标文件格式的主要作用是为投标人编制投标文件提供固定的格式和编排顺序,以规范投标文件的编制,同时便于评标委员会评标。

第五节　标底的编制

一、标底的概念和作用

1. 标底的概念

标底是指招标人根据招标项目的具体情况编制的完成招标项目所需要的全部费用,

是依据国家规定的计价依据和计价办法计算出来的工程造价,是招标人对建设工程的期望价格。标底是招标单位的"绝密"资料,不得以任何方式向任何投标单位及其人员泄露。在评标过程中,为了对投标报价进行评价,特别是在采用标底上下一定幅度内投标报价进行有效报价时,招标单位应编制工程标底。标底由成本、利润、税金等组成,一般应控制在批准的总概算及投资包干限额内。

2. 标底的作用

招投标制度的本质就是竞争,而价格的竞争是投标竞争的最重要因素之一。因此,在国际工程项目招标过程中,尤其是亚行、世界银行贷款项目,如果其他各项条件均满足招标文件的要求,大都明确要求价格最低的报价中标。但目前我国各施工企业大多采用常规方法施工,拥有专利施工技术的单位较少,同一资质等级的企业在施工能力方面差异不大。而且,目前我国建筑行业竞争激烈,处于"僧多粥少"的状况,为防止投标人以低于成本的报价开展恶性竞争,因此,我国一般工程项目施工招标中大多设置标底。

具体来说,招标标底在招标过程中具有以下作用。

(1)标底是招标人发包工程的期望值,是确定工程合同价格的参考依据。

(2)标底是评标委员会评标的参考值,是衡量、评审投标人投标报价是否合理的尺度和依据。

标底并不是决定投标能否中标的标准价,只是对投标报价进行评审和比较时的一个参考价。从竞争角度考虑,价格竞争是投标竞争中最重要的因素之一,在其他各项条件均满足招标文件要求的前提下,当然应以价格最低者中标。将低于标底的投标排除在中标范围之外,是不符合国际上通行做法的,也不符合招标投标活动公平竞争的要求。从我国目前情况看,一些部门为了防止恶性竞争,规定低于标底一定幅度的投标为废标。

《招标投标法》既考虑到招标投标应遵循的公平竞争要求,又考虑到我国的现实情况,对标底的作用没有一概予以否定,而是采取了淡化处理的办法,标底仅作为参考。

二、标底编制的原则

工程标底是招标人控制投资、确定招标工程造价的重要手段,工程标底在计算时要科学合理、计算准确。工程标底编制人员应严格按照国家的有关政策、规定,科学、公正地编制工程标底,遵守招标文件的规定,充分研究招标文件相关技术和商务条款、设计图纸以及有关计价规范的要求,标底应该客观反映工程建设项目实际情况和施工技术管理要求,标底应结合市场状况,客观反映工程建设项目的合理成本和利润。标底的编制应遵循以下原则:

(1)根据国家公布的统一工程项目划分,统一计量单位,统一计算规则以及施工图纸、招标文件,并参照国家、行业、地方批准发布的定额,和国家、行业、地方规定的技术标准以及要素市场价格确定工程量和编制标底。

(2)标底作为招标人的期望价格,应力求和市场的实际变化相吻合,要有利于竞争和保证工程质量。

(3)标底由工程成本、利润、税金等组成,一般应控制在批准的建设项目投资估算或总概算价格以内。

（4）标底应考虑人工、材料、设备、机械台班等价格变化因素，还应包括管理费、其他费用、利润、税金以及不可预见费用等，采用固定价格的还应考虑工程的风险金等。

（5）一个工程只能编制一个标底。

（6）标底编制完成后应及时封存，在开标前应严格保密，所有接触过工程标底的人员都有保密责任，不得泄露。

强调标底必须保密，是因为当投标人不了解招标人的标底时，所有投标人都处于平等的竞争地位，各自只能根据自己的情况提出自己的投标报价。而某些投标人一旦掌握了标底，就可以根据情况将报价定得高出标底一个合理的幅度，并仍然能保证很高的中标概率，从而增加投标企业的未来效益。这对其他投标人来说，显然是不公平的。因此，必须强调对标底的保密。招标人履行保密义务应当从标底的编制开始，编制人员应在保密的环境中编制标底，完成之后需送审的，应将其密封送审。标底经审定后应及时封存，直至开标。在整个招标活动过程中所有接触过标底的人员都有对其保密的义务。

三、标底的编制依据

建设工程招标标底受多方面因素影响，如项目划分、设计标准、材料价差、施工方案、定额、取费标准、工程量计算准确程度等。综合考虑可能影响标底的各种因素，编制标底时应依据以下内容。

（1）国家公布的统一工程项目划分、统一计量单位、统一计算规则。

（2）招标文件，包括招标交底纪要。

（3）招标单位提供的由有相应资质的单位设计的施工图及相关说明。

（4）有关技术资料。

（5）工程基础定额和国家、行业、地方规定的技术标准规范。

（6）要素市场价格和地区预算材料价格。

（7）经政府批准的取费标准和其他特殊要求。

应当指出的是，上述各种标底编制依据，在实践中要求遵循的程度并不都是一样的。有的不允许有出入，如对招标文件、设计图纸及有关资料等，各地一般都规定编制标底时必须作为依据。

四、标底的编制方法

标底的编制，需要根据招标工程的具体情况，如设计文件和图纸的深度、工程规模和复杂程度、招标人的特殊要求、招标文件对投标报价的规定等，选择合适的类型和编制方法。

招标标底由成本（直接费、间接费）、利润和税金构成，其编制可以采用以下计价方法。

1. 综合单价法

分部分项工程量的单价为全费用单价。全费用单价综合计算完成分部分项工程所发生的直接费、间接费、利润、税金。招标人给投标人若干项目特征、工程内容、工程数量相当明确的工程项目，投标人在充分理解招标文件的前提下，逐项报价再汇总。

2. 工料单价法(定额计价法)

分部分项工程量的单价为直接费。招标人给投标人发放施工图纸,投标人在充分理解招标文件的前提下,逐项计算工程量、逐项报价再汇总。

3. 综合单价法和工料单价法的区别

综合单价法是由投标人自主选择消耗量定额(企业定额)和自主确定各种单价,具有市场价格的本质特征。工料单价法采用建设行政主管部门颁发的反映社会平均水平的消耗量定额和发布的指导价计算工程造价,具有计划价格的特质。

不管哪种方法,计算过程是相同的:先求出各个分部分项工程量,再乘以相应的分部分项单价,得出分部分项工程费用,然后求和得出工程总费用。区别在于单价的构成不同。

根据上述规定,同时考虑向国际惯例靠拢,在我国现阶段的招标工程标底的编制中,采用综合单价法和工料单价法两种方法。

招标工程标底和工程量清单由具有编制招标文件能力的招标人自行编制,也可委托具有相应资质和能力的工程造价咨询机构、招标代理结构编制。标底的编制要正确处理招标人与投标人的利益关系,坚持公平、公正、公开、客观统一的基本原则。

标底的具体编制与投标报价的编制基本相同。标底由编制单位按严格的程序进行审核、盖章和确认。标底审定后必须及时妥善封存,直至开标时所有接触过标底的人员均负有保密责任,任何人不得泄露标底。

【案例分析题 1】

某高速公路工程是某省利用地方财政拨款重点建设的骨干工程,总投资额 17000 万元。建设单位决定对该项目采取公开招标的方式,并由建设单位自行组织招标。2005 年 6 月中旬,由工程建设单位在当地媒体刊登招标公告,招标公告明确了本次招标对象为本省内有相应资质的施工企业。由工程建设单位组建的资格评审小组对申请投标的 20 家施工企业进行了资格审查,10 家企业通过了资格审查,获得投标资格。2005 年 6 月 20日,建设单位向上述 10 家企业发售了招标文件,招标文件确定了各投标单位的投标截止日是 2005 年 6 月 30 日。建设单位曾于 6 月 22 日向政府有关部门发出参加招标活动的邀请。该项目于 7 月 1 日 13 时公开开标。该次评标委员会是由该建设单位直接确定的,共由 7 人组成,其中招标人代表 4 人,本系统技术专家 1 人,经济专家 1 人,外系统技术专家 1 人。当日下午至次日上午,评标委员会对 10 家投标企业递交的标书进行了审查,并向建设单位按顺序推荐了中标候选人。该建设单位提出应让名单之外的某部水电某局中标,原因是该局提出的优惠条件较好(实际上是垫资施工)。但在有关单位的干预和协调下,建设单位最终从评标委员会推荐的中标候选人中选择了承包商。

该项工程招标存在哪些方面的问题?

【参考答案】

该项目招标存在以下问题。

(1)招标前的有关活动违反程序。根据有关规定,建设单位应在招标前向政府主管部门申报招标方案,由主管部门审核其是否具备编制招标文件的能力和组织招标的能力。

（2）该招标工作在招标公告中明确提出本次招标对象为本省内有相应资质的施工企业，违反了我国《招标投标法》第十八条规定："招标人不得以不合理的条件限制或排斥潜在投标人。"

（3）提交投标文件的截止时间是 6 月 30 日，开标时间是 7 月 1 日，不是同一时间进行，违反了我国《招标投标法》第三十四条："开标应当在招标文件确定的提交投标文件截止时间的同一时间公开进行。"

（4）发售招标文件的时间为 6 月 20 日，距离递交投标文件的截止时间只有 10 天，违反了我国《招标投标法》第二十四条："自招标文件开始发出之日起至提交投标文件截止时间之日止，最短不得少于二十日。"

（5）评标委员会的人员违反了《招标投标法》第三十七条规定："技术、经济等方面的专家不得少于成员总数的三分之二。"

（6）违规定标。建设单位不在评标委员会推荐的中标候选人名单中，而是让名单之外的某部水电某局中标，原因是该局提出的优惠条件较好（实际上是垫资施工）。但在有关单位的干预和协调下，建设单位最终从评标委员会推荐的中标候选人中选择了承包商。

【案例分析题 2】

某市兴建一座体育馆，全部由政府投资建设。该项目为该省建设规划的重点项目之一，且已列入地方年度固定投资计划，该工程征地工作尚未全部完成，施工图纸及有关技术资料齐全。业主决定对该项目进行邀请招标。因估计除本市施工企业参加投标外还可能有外省市施工企业参加投标，故招标人委托咨询单位编制了两个标底，准备分别用于对本市和外省市施工企业投标价的评定。业主于 2005 年 6 月 1 日向具备承担该项目能力的 A、B、C、D、E 五家承包商发出投标邀请书，其中说明，6 月 5—6 日在招标人总工程师室领取招标文件，6 月 18 日 16 时为投标截止时间。该五家承包商均领取了招标文件。发放招标文件后，6 月 10 日召开了招标预备会，对投标单位所提出的问题做了书面解答。6 月 13 日，组织各投标单位进行了施工现场踏勘。6 月 18 日 16 时前 2 小时，上述五家承包商都递交了投标书。

上述招标工作存在哪些不妥之处，正确的做法是什么？

【参考答案】

问题一：本项目征地工作尚未全部完成，不具备施工招标的必要条件，因而尚不能进行施工招标。

问题二：因为根据《招标投标法》的规定，该工程是由政府全部投资兴建的省级重点项目，所以应采取公开招标。

问题三：招标人委托咨询单位编制了两个标底。一个工程只能编制一个标底，不能对不同的投标单位采用不同的标底进行评标。

问题四：现场勘察应安排在书面答复之前，因为投标单位也可能就施工现场条件提出问题。

问题五：投标截止时间距离发放招标文件不足 20 日。根据《招标投标法》第二十四条的规定，自招标文件发出之日起至投标文件提交截止之日止，最短不得少于二十日。

本章小结

本章重点讲述了招标公告、招标文件、资格预审文件的编制；建设工程招标的程序；标底的内容。招标文件是工程项目施工招标过程中最重要、最基本的技术文件，资格预审文件是进行资格预审的技术文件，编制施工招标文件是学习本门课程需要掌握的基本技能之一。国家对施工招标文件的内容、格式均有特殊规定。在编制招标文件时要注意编制原则、组成形式、内容和范本利用等。

复习思考题

一、单选题

1. 公开招标亦称无限竞争性招标，是指招标人以（   ）的方式邀请不特定的法人或者其他组织投标。

A. 投标邀请书 　　　　　 B. 合同谈判 　　　　 C. 行政命令 　　　　　 D. 招标公告

2. 公开招标和邀请招标在程序上的差异为（   ）。

A. 是否进行资格预审 　　　　　　　　 B. 是否组织现场考察

C. 是否解答投标单位的质疑 　　　　　 D. 是否公开开标

3. 下列不属于招标文件内容的是（   ）。

A. 投标邀请书 　　　　　　　　　　　 B. 设计图纸

C. 合同主要条款 　　　　　　　　　　 D. 财务报表

4. 招标程序有：①成立招标组织。②发布招标公告。③编制招标文件和标底。④组织投标单位踏勘现场，并对招标文件答疑。⑤对投标单位进行资格审查。⑥发售招标文件。

下列招标程序排序正确的是（   ）。

A. ①③②⑤⑥④ 　　　　　　　　　　 B. ①③②⑥⑤④

C. ①⑤⑥②③④ 　　　　　　　　　　 D. ①②③⑤④⑥

5. 在依法必须进行招标的工程范围内，对于重要设备和材料等货物的采购，其单项合同估算价在（   ）以上的，必须进行招标。

A. 200 万元 　　　　 B. 100 万元 　　　　 C. 50 万元 　　　　 D. 3000 万元

6. 我国《招标投标法》规定："依法必须进行招标的项目，招标人自行办理招标事宜的，应当向有关行政监督部门（   ）。"

A. 申请 　　　　　 B. 备案 　　　　　 C. 通报 　　　　　 D. 报批

7. 应当招标的工程建设项目在（   ）后，已满足招标条件的，均应成立招标组织，组织招标，办理招标事宜。

A. 进行可行性研究 　　　　　　　　　 B. 办理报建等级手续

C. 选择招标代理机构 　　　　　　　　 D. 发布招标信息

8. 下列不属于关系社会公共利益和公众安全的基础设施项目的是(　　)。

A. 煤炭、石油、天然气等能源项目

B. 铁路、公路和航空等交通运输项目

C. 商品住宅包括经济适用住房

D. 生态环境保护项目

9. 根据《招标投标法》和《工程建设项目施工招标投标办法》的规定,招标程序的最后一步应当为(　　)。

A. 资格审查　　　　B. 评标　　　　C. 定标　　　　D. 签订合同

10. 下列关于建设工程招投标的说法,正确的是(　　)。

A. 在投标有效期内,投标人可以补充、修改或者撤回投标文件

B. 投标人在招标文件要求提交投标文件的截止时间前,可以补充、修改或者撤回投标文件

C. 投标人可以挂靠或借用其他企业的资质证书参加投标

D. 投标人之间可以先进行内部竞价,内定中标人,然后再参加投标

11. 招标人对已发出的投标文件进行必要的澄清或者修改的,应当在招标文件要求提交投标文件截止时间至少(　　)前,通知所有招标文件收受人。

A. 20 天　　　　B. 10 天　　　　C. 15 天　　　　D. 7 天

12.《招标投标法》规定,依法必须招标的项目自招标文件开始发出之日起至投标人提交投标文件截止之日止,最短不得少于(　　)。

A. 20 天　　　　B. 30 天　　　　C. 10 天　　　　D. 15 天

13. 甲、乙工程承包单位组成施工联合体参与某项目的投标,中标后联合体接到中标通知书,但尚未与招标人签订合同,联合体投标时提交了 5 万元投标保证金。此时两家单位认为该项目盈利太少,于是放弃该项目,对此,招标投标法的相关规定是(　　)。

A. 5 万元投标保证金不予退还

B. 5 万元投标保证金可以退还一半

C. 若未给招标人造成损失,投标保证金可退还

D. 若未给招标人造成损失,投标保证金可退还一半

14. 招标文件发售后,招标人要在招标文件规定的时间内组织投标人踏勘现场,了解工程现场和周围环境情况,并对潜在投标人针对(　　)及现场提出的问题进行答疑。

A. 设计图纸　　　　　　　　　　B. 招标文件

C. 地质勘察报告　　　　　　　　D. 合同条款

15. 工程量清单是招标单位按国家颁布的统一工程项目划分、统一计量单位和统一工程量计算规则,根据施工图纸计算工程量,提供给投标单位作为投标报价的基础。结算拨付工程款时以(　　)为依据。

A. 工程量清单　　　　　　　　　B. 实际工程量

C. 承包方报送的工程量　　　　　D. 合同中的工程量

二、简答题

1. 工程项目招标的方式有哪些?

2.《招标投标法》规定必须进行招标的项目有哪些？

3. 按照国家有关规定，建设项目必须具备哪些条件，方可进行工程施工招标？

4. 简述建设工程公开招标的程序。

5. 简述招标的几种方式和各自的优缺点。

三、案例分析

指出下述发包代理单位编制的招投标日程安排的不妥之处，并简述理由。

某发包代理单位在接受委托后根据工程的情况，编写了招标文件，其中的招标日程安排如下：

序号	工作内容	日　期
(1)	发布公开招标信息	2001 年 4 月 30 日
(2)	公开接受施工企业报名	2001 年 5 月 4 日上午 9:00—11:00
(3)	发放招标文件	2001 年 5 月 10 日上午 9:00
(4)	答疑会	2001 年 5 月 10 日上午 9:00—11:00
(5)	现场踏勘	2001 年 5 月 11 日下午 13:00
(6)	投标截止	2001 年 5 月 16 日
(7)	开标	2001 年 5 月 17 日
(8)	询标	2001 年 5 月 18—21 日
(9)	决标	2001 年 5 月 24 日下午 14:00
(10)	发中标通知书	2001 年 5 月 24 日下午 14:00
(11)	签订施工合同	2001 年 5 月 25 日下午 14:00
(12)	进场施工	2001 年 5 月 26 日上午 8:00
(13)	领取标书编制补偿费、保证金	2001 年 6 月 8 日

第三章 建设工程投标

【学习要点】

通过学习建设工程投标的具体业务,了解建设工程施工投标的步骤和方法,掌握投标报价的方法、投标文件的内容和编制程序。

【引例】

某建筑工程的招标文件中标明,距离施工现场 1km 处存在一个天然砂场,并且该砂可以免费取用。现场实地考察后承包商没有提出疑问,承包商在投标报价中没有考虑工程买砂的费用,只计算了取砂和运输费用。由于承包商没有仔细了解天然砂场中天然砂的具体情况,中标后,在工程施工中准备使用该砂时,工程师认为该砂级配不符合工程施工要求,而不允许在施工中使用,于是承包商只得自己另行购买符合要求的砂。

承包商以招标文件中表明现场有砂而投标报价中没有考虑为理由,要求业主补偿现场必须购买砂的差价,工程师不同意承包商的补偿要求。

请思考工程师不同意承包商的补偿要求是否合法。

第一节 建设工程投标概述

一、投标的基本知识

1. 投标的基本概念

建设工程投标是投标单位针对招标单位的要约邀请,以明确的价格、期限、质量等具体条件,向招标单位发出要约,通过竞争获得经营业务的活动。建设工程招标与投标,是承发包双方合同管理的第一环节。投标人在响应招标文件的前提下,对项目提出报价,填制投标函,在规定的期限内报送招标单位,参与该项工程竞争及争取中标。此处的"投标人"仍指法人,根据法律规定参与各种建设工程的咨询、设计、监理、施工及建设工程所需设备和物资采购的竞争。建设工程投标,是各投标单位实力的较量。在激烈的投标竞争形成的巨大压力下,各投标单位必须致力于自身综合实力的提高。企业实力包括技术实力、经济实力、管理实力和信誉实力等。

2. 建设工程的投标人

建设工程的投标人是建设工程招标投标活动中的另一方当事人,它是指响应招标,并按照招标文件的要求参与工程任务竞争的法人或者其他组织。

投标人必须具备以下基本条件：

（1）必须有与招标文件要求相适应的人力、物力、财力。

（2）必须有符合招标文件要求的资质等级和相应的工作经验与业绩证明。

（3）符合法律、法规、规章和政策规定的其他条件。

建设工程投标单位的范围，主要有：勘察设计单位，施工企业，建筑装饰企业，工程材料设备供应（采购）单位，工程总承包单位，以及咨询、监理单位等。

3. 投标人应具备的条件

为保证建设工程的顺利完成，《招标投标法》规定："国家有关规定对投标人资格条件或者招标文件对投标人资格条件有规定的，投标人应当具备规定的资格条件。"投标人在向招标人提出投标申请时，应附带有关投标资格的资料，以供招标单位审查，这些资料应表明自己存在的合法地位、资质等级、技术与装备水平、资金与财务状况、近期经营状况及以前所完成的与招标工程项目有关的业绩等。

二、投标联合体

大型建设工程项目，往往不是一个投标单位所能完成的，所以，法律允许几个投标单位组成一个联合体，共同参与投标，并对联合体投标的相关问题做出了明确规定。

1. 联合体的法律地位

联合体由多个法人或经济组织组成，但它在投标时是作为一个独立的投标单位出现的，具有独立的民事权利能力和民事行为能力。

2. 联合体的资格

《招标投标法》规定，组成联合体各方均应具备相应的投标资格；由同一专业的单位组成的联合体，按照资质等级较低的单位确定资质等级。这是为了促使资质优秀的投标单位组成联合体，防止以高等级资质获取招标项目，而由资质等级低的投标单位来完成项目的行为。

3. 联合体各方的责任

联合体各方应当签订联合体协议书，见范本 3-1。明确约定各方拟承担的工作和责任，并将共同投标协议连同投标文件一并提交招标人。联合体中标的，联合体各方应当共同与招标人签订合同，就中标项目向招标人承担连带责任。联合体各方签订共同投标协议后，不得再以自己名义单独投标，也不得组成新的联合体或参加其他联合体在同一项目中投标。

联合体各方指须指定牵头人，授权其代表所有联合体成员负责投标，并应当向招标人提交由所有联合体成员法定代表人签署的授权书。联合体投标的，应当以联合体各方或者联合体中牵头人的名义提交投标保证金。

4. 投标单位的意思自治

投标时，投标单位是否与他人组成联合体，与谁组成联合体，都由投标单位自行决定，任何人均不得干涉。《招标投标法》规定，招标单位不得强制投标单位组成联合体共同投标，不得限制投标单位之间的竞争。

范本 3-1　联合体协议书

联合体协议书

_____（所有成员单位名称）自愿组成_____（联合体名称）联合体,共同参加_____（项目名称）_____标段施工招标资格预审和投标。现就联合体投标事宜订立如下协议。

1. _____（某成员单位名称）为_____（联合体名称）牵头人。

2. 联合体牵头人合法代表联合体各成员负责本标段施工招标项目资格预审申请文件、投标文件编制和合同谈判活动,代表联合体提交和接收相关的资料、信息及指示,处理与之有关的一切事务,并负责合同实施阶段的主办、组织和协调工作。

3. 联合体将严格按照资格预审文件和招标文件的各项要求,递交资格预审申请文件和投标文件,履行合同,并对外承担连带责任。

4. 联合体各成员单位内部的职责分工如下:_____。

5. 本协议书自签署之日起生效,合同履行完毕后自动失效。

6. 本协议书一式_____份,联合体成员和招标人各执一份。

注:本协议书由委托代理人签字的,应附法定代表人签字的授权委托书。

牵头人名称:_____（盖单位章）

法定代表人或其委托代理人:_____（签字）

成员一名称:_____（盖单位章）

法定代表人或其委托代理人:_____（签字）

成员二名称:_____（盖单位章）

法定代表人或其委托代理人:_____（签字）

……

_____年____月____日

【案例分析题1】

某政府投资项目,主要分为建筑工程、安装工程和装修工程三部分,项目投资为5000万元,其中,估价为80万元的设备由招标人采购。

招标文件中,招标人对投标有关时限的规定如下:

(1)投标截止时间为自招标文件停止出售之日起第十五日上午9时整;

(2)接受投标文件的最早时间为投标截止时间前72小时;

(3)若投标人要修改,撤回已提交的投标文件,须在投标截止时间24小时前提出;

(4)投标有效期从发售投标文件之日开始计算,共90天。

并规定,建筑工程应由具有一级以上资质的企业承包,安装工程和装修工程应由具有二级以上资质的企业承包,招标人鼓励投标人组成联合体投标。

在参加投标的企业中,A,B,C,D,E,F为建筑公司,G,H,J,K为安装公司,L,N,P为装修公司,除了K公司为二级企业外,其余均为一级企业,上述企业分别组成联合体投标,各联合体具体组成见表3-1。

表 3-1　联合体具体组成

联合体编号	I	II	III	IV	V	VI	VII
联合体组成	A,L	B,C	G,K	E,H	G,N	F,J,P	E,L

在上述联合体中,某联合体协议中约定:若中标,由牵头人与招标人签订合同,然后将该联合体协议送交投标人;联合体所有与业主的联系工作以及内部协调工作均由牵头人负责;各成员单位按投入比例分享利润并向招标人承担责任,且需向牵头人支付各自所承担合同额部分1%的管理费。

问题:

1. 该项目估价为80万元的设备采购是否可以不招标? 说明理由。

2. 分别指出招标人对投标有关时限的规定是否正确,说明理由。

3. 按联合体的编号,判别各联合体的投标是否有效。若无效,说明原因。

4. 指出上述联合体协议内容中的错误之处,说明理由或写出正确的做法。

【参考答案】

1. 不可以不招标。根据《工程建设项目招标范围和规模标准规定》,重要设备、材料等货物的采购,单项合同估算价虽然在100万元人民币以下,但项目总投资额在3000万元人民币以上的,必须进行招标。该项目设备采购估价为80万元但项目总投资额在5000万元,所以必须进行招标。

2. 第(1)条不正确。招标投标法规定:投标截止日期是从招标文件开始发售之日起20天以上。

第(2)条不正确。招标投标法规定:招标人接受投标文件为投标截止日期之前的任何时间。

第(3)条不正确。招标投标法规定:投标人要修改,撤回已提交的投标文件,在投标截止日期之前提出均可以。

第(4)条不正确。招标投标法规定:投标有效期应该从投标截止日期之日开始计算,不得少于30天。不是从发售投标文件之日开始计算。

3. 编号为III的投标联合体投标无效。因为招标投标法规定:由同一专业的单位组成的联合体,按照资质等级较低的单位确定资质等级,而K公司为二级企业,故联合体编号III的资质为二级,不符合招标文件规定的要求,为无效投标。

编号为IV和VII的投标联合体投标无效。因为E单位参加了两个投标联合体,《工程建设项目施工招标投标办法》规定:联合体各方签订共同投标协议后,不得再以自己名义单独投标,也不得组成新的联合体或参加其他联合体在同一项目中投标。

其他编号的投标联合体投标有效。因为招标投标法规定:联合体各方均应当具备承担招标项目的相应能力;国家有关规定或者招标文件对投标人资格条件有规定的,联合体各方均应当具备规定的相应资格条件。

4. 上述联合体协议内错误之处是:

先签合同后交联合体协议书是错误的。招标投标法规定:应该在投标时递交联合体协议书,否则是废标。

牵头人与招标人签订合同是错误的。招标投标法规定：联合体中标的,联合体各方应当共同与招标人签订合同。

标联合体所有与业主方的联系工作以及内部协调工作,在没有递交授权书下,均由牵头人负责是错误的。《工程建设项目施工招标投标办法》规定：联合体各方必须指定牵头人,授权其代表所有联合体成员负责投标和合同实施阶段的主办、协调工作,并应当向招标人提交由所有联合体成员法定代表人签署的授权书。

标各成员单位按投入比例分享利润并向招标人承担责任是错误的。招标投标法规定：联合体中标的,联合体各方应当共同与招标人签订合同,就中标项目向招标人承担连带责任。

第二节　建设工程投标程序

一、投标的准备工作

1. 获取信息并确定信息的可靠性

建筑工程施工投标中首先要获取投标信息,为使投标工作有良好的开端,投标人必须做好信息查证工作。多数公开招标项目属于政府投资或国家融资的工程,一般会在报刊等媒体刊登招标公告或资格预审通告。但是,经验告诉我们,对于一些大型或复杂的项目,如果等到招标公告发布后再开始做投标准备工作,往往会感到时间仓促,投标处于被动。因此,要提前积累整理主要信息、资料,提前跟踪项目。获取投标项目信息的方向如下：

(1)根据我国国民经济建设的建设规划和投资方向,关注近期国家的财政、金融政策所确定的中央和地方重点建设项目和企业技术改造项目,搜集项目信息。

(2)了解计划部门立项的项目,可以从投资主管部门,获取建设银行、金融机构的具体投资规划信息。

(3)跟踪大型企业的新建、扩建和改建项目计划。

(4)收集同行业其他投标人对工程建设项目的意向。

(5)注意有关项目的新闻报道。

2. 调查研究

投标人要认真调查研究,通过对获取的项目投标信息分析、查证,对建设工程项目是否具备招标条件及项目业主的资信状况、偿付能力等进行必要的研究,确认信息的可靠性,分析项目是否适合本企业,以便正确决策。业主进行投标调查研究,包括投标外部环境调查研究和投标内部环境调查研究等。

3. 投标决策

投标人通过投标取得项目,是市场经济的必然。但是,每标必投很可能造成无谓的损失,投标人要想中标,从承包工程中赢利,就需要研究投标决策的问题。

建设工程投标决策的首要任务,是在获取招标信息后,对是否参加投标竞争进行分析、论证,并做出抉择,它是投标决策产生的前提。承包商通常要综合考虑各方面的情况,如承包商当前的经营状况和长远目标,参加投标的目的,影响中标机会的内容等。投标决策时,首先要针对项目确定是投标或是不投标,投标的条件包括:(1)承包招标项目的可能性与可行性,即是否有能力承包该项目,能否抽调出管理力量、技术力量参加项目实施,竞争对手是否有明显优势;(2)招标项目的可靠性,如项目审批是否已经完成,资金是否已经落实等;(3)招标项目的承包条件是否适合本企业;(4)影响中标机会的内部、外部因素等是否对投标有利。

二、申请投标和递交资格预审书

向招标单位申请投标,可以直接报送,也可以采用信函、电报、电传或传真,其报送方式和所报资料必须满足招标人在招标公告中提出的有关要求,如资质要求、财务要求、业绩要求、信誉要求、项目经理资格等。申请投标和争取获得投资的关键是通过资格审查,因此申请投标的承包企业除向招标单位索取和递交资格预审书外,还可以通过其他辅助方式,如发送宣传本企业的印刷品,邀请业主参观本企业承建的工程等,使他们对本企业的实力及情况有更多的了解。我国建设工程招标中,投标人在获悉招标公告或投标邀请后,应当按照招标公告或投标邀请书中提出的资格审查要求,向招标人申报资格审查。资格审查是投标人在投标过程中经历的第一关。

作为投标人,应熟悉资格预审程序,把握好获得资格预审文件、准备资格预审文件、报送资格预审文件等几个环节的工作,争取顺利通过投标资格审查。

三、接受投标邀请和购买招标文件

投标单位经资格审查合格后,便可向招标单位申购招标文件和有关资料,同时要缴纳投标保证金。

四、研究招标文件

招标文件具体的规定往往集中在投标人须知与合同条件里。投标人须知是投标单位进行工程项目投标的指南。此文件集中体现招标单位对投标单位投标的条件和基本要求。投标单位必须掌握该文件中招标单位关于工程说明的一般性情况的规定;关于投标、开标、评标、决标的时间,投标有效期,标书语言及格式要求等程序性的规定;尤其须把握关于工程内容、承包的范围、允许的偏离范围和条件、价格形式及价格调整条件、报价支付的货币、分包合同等实质性的规定,以指导投标单位正确地投标。

合同条件是工程项目承发包合同的重要组成部分,是整个投标过程必须遵循的准则。合同条件中关于承发包双方权利、义务的条款,建设期限的条款,人员派遣条款,价格条款,保值条款,支付(结算)条款,保险条款,验收条款,维修条款,赔偿条款,不可抗力条款,仲裁条款等,都直接关系着工程承发包双方利益分配,关系投标单位报价中开办费、保险费、意外费、人工费等各项成本费用数额以及日后可以索赔的费用额,因此,合同条件是影响投标单位的投标策略及报价高低的因素,必须反复推敲。

通过重点研究投标人须知、合同条件等文件,透彻掌握招标单位对如下事项的具体规定:投标、开标、评标、决标、工程性质、发包范围、各方的责任、工期、价款支付、外汇比例、违约、特殊风险、索赔、维修、竣工、保险、担保、对国内外投标单位的待遇差别等。

五、组织投标班子

1. 投标班子

投标单位在通过资格审查、购领了招标文件和有关资料之后,就要按招标文件确定的投标准备时间着手开展各项投标准备工作。投标准备时间是指从开始发放招标文件之日起至投标截止时间为止的期限,它由招标单位根据工程项目的具体情况确定。为了按时进行投标,并尽最大可能使投标获得成功,投标单位在购领招标文件后就需要有一个强有力的、内行的投标班子,以便对投标的全部活动进行通盘筹划、多方沟通和有效组织实施。投标单位的投标班子一般都是常设的,但也有的是针对特定项目临时设立的。投标单位参加投标,是一场激烈的市场竞争。这场竞争不仅比报价的高低,而且比技术、质量、经验、实力、服务和信誉。特别是随着现代科技的快速发展,越来越多的是技术密集型项目,势必要求承包商具有现代先进的科学技术水平和组织管理能力,能够完成"高、新、尖、难"工程,能够以较低价中标,靠管理和索赔获利。因此,投标单位组织什么样的投标班子,对投标成败有直接影响。

从实践来看,承包商的投标班子一般应包括下列三类人员:

(1)经营管理类人员。这类人员一般是从事工程承包经营管理的行家,熟悉工程投标活动的筹划和安排,具有相当的决策水平。

(2)专业技术类人员。这类人员是从事各类专业工程技术的人员,如建筑师、监理工程师、结构工程师、造价工程师等。

(3)商务金融类人员。这类人员是从事有关金融、贸易、财税、保险、会计、采购、合同、索赔等工作的人员。

2. 投标代理机构

投标单位如果没有专门的投标班子或有了投标班子还不能满足投标工作的需要,就可以考虑委托投标代理机构,即在工程所在地区找一个能代表自己利益而开展某些投标活动的咨询中介机构。

代理制度在市场经济下的工程承包中极为普遍,能否物色到有能力的、可靠的代理人协助投标单位进行投标决策,在一定程度上关系着投标能否成功。可见,承包商根据工程的需要,选择合适的代理人是十分重要的。在国际工程承包投标中,代理机构可以是个人,也可以是公司或集团。工程投标单位在选择代理机构时,必须注意这样两点:第一,所选的代理人一定要完全可靠,有较强的活动能力并在当地有较好的声誉及较高的权威性。第二,应与代理机构签订代理协议。根据具体情况,在协议的条文中恰当地明确规定代理人的代理范围和双方的权利、义务,以利双方互相信任,默契配合,严守合约,保证投标各项工作顺利进行。代理机构按照协议的约定收取代理费用。通常,如代理机构协助投标单位中标的,所收的代理费用会高些,一般为合同总价的 $1\% \sim 3\%$。

六、参加踏勘工程现场和投标预备会

1. 现场考察

按照国际惯例,投标单位递交的投标文件一般被认为是在现场踏勘的基础上编制的,投标书递交之后,投标单位无权因为现场踏勘不周、情况了解不细或因素考虑不全而提出修改投标书、调整报价或提出补偿等要求。因此,现场踏勘是投标单位正式编制、递交投标文件前必须做的重要的准备工作,投标单位必须予以高度重视。

对业主提供的参考资料及招标文件现场情况的核实,特别要强调的是投标人对地质、水文等参考资料的理解必须借助现场考察,而且要力求准确无误,否则投标人要自己承担理解地质、水文等参考资料偏差造成的投标风险。

投标单位参加现场踏勘的费用,由投标单位自己承担。招标单位一般在招标文件发出后,就着手考虑安排投标单位进行现场踏勘等准备工作,并在现场踏勘中对投标单位给予必要的协助。

投标单位进行现场踏勘的内容,主要包括以下几个方面:

(1)工程的范围、性质以及与其他工程之间的关系。

(2)投标单位参与投标的那一部分工程与其他承包商或分包商之间的关系。

(3)现场地貌、地质、水文、气候、交通、电力、水源等情况,有无障碍物等。

(4)进出现场的方式、现场附近有无食宿条件、料场开采条件、其他加工条件、设备维修条件等。

2. 标前会议

标前会议是投标中的法定程序。一般在现场踏勘之后的 1～2 天内举行。其目的是澄清并解答投标人在查阅招标文件和现场考察后,可能提出的涉及投标和合同方面的任何问题。投标人应在标前会议召开以前,以书面的形式将要求答复的问题提交招标人,招标人在会上澄清和解答。

招标人在标前会议上对所有问题的答复均应形成书面文件,并作为招标文件的组成部分,因为投标人不能仅凭口头答复来编制自己的投标文件。

七、编制投标书和确定投标报价

经过现场踏勘和投标预备会后,投标单位可以着手编制投标文件。投标单位着手编制和递交投标文件的具体步骤和要求如下。

(1)结合现场踏勘和投标预备会的结果,进一步分析招标文件。招标文件是编制投标文件的主要依据,因此,必须结合已获取的有关信息认真细致地加以分析研究,特别是要重点研究其中的投标人须知、专用条款、设计图纸、工程范围以及工程量表等,要弄清到底有没有特殊要求或有哪些特殊要求。

(2)校核招标文件中的工程量清单。投标单位是否校核招标文件中的工程量清单或校核得是否准确,直接影响到投标报价和中标机会。因此,投标单位应认真对待。通过认真校核工程量,投标单位在大体上确定了工程总报价之后,估计某些项目工程量可能增加或减少的,就可以相应地提高或降低单价。如发现工程量有重大出入的,特别是漏项的,可以找招标单位核对,要求招标单位认可,并给予书面确认。这对于总价固定合同来说,尤其重要。

(3)根据工程类型编制施工规划或施工组织设计。施工规划和施工组织设计都是关于施工方法、施工进度计划的技术经济文件,是指导施工生产全过程组织管理的重要设计文件,是进行现场科学管理的主要依据之一。但两者相比,施工规划的深度和范围没有施工组织设计详尽、精细,施工组织设计的要求比施工规划的要求详细得多,编制起来要比施工规划复杂些。所以,在投标时,投标单位一般只要编制施工规划即可,施工组织设计可以在中标以后再编制。这样,就可避免未中标的投标单位因编制施工组织设计而造成人力、物力、财力上的浪费。但有时在实践中,招标单位为了让投标单位更充分地展示实力,常常要求投标单位在投标时就要编制施工组织设计。

施工规划或施工组织设计的内容,一般包括施工程序、方案,施工方法,施工进度计划,施工机械、材料、设备的选定和临时生产、生活设施的安排,劳动力计划,以及施工现场平面和空间的布置。施工规划或施工组织设计的编制依据,主要是设计图纸、技术规范,复核了的工程量,招标文件要求的开工、竣工日期,以及对市场材料、机械设备、劳动力价格的调查。编制施工规划或施工组织设计,要在保证工期和工程质量的前提下,尽可能使成本最低、利润最大。具体要求是:根据工程类型编制出最合理的施工程序,选择和确定技术上先进、经济上合理的施工方法,选择最有效的施工设备、施工设施和劳动组织,周密、均衡地安排人力和物力,正确编制施工进度计划,合理布置施工现场的平面和空间。

(4)根据工程价格构成进行工程估价,确定利润方针,计算和确定报价。投标报价是投标的一个核心环节,投标人要根据工程价格构成对工程进行合理估价,确定切实可行的利润方针,正确计算和确定投标报价。投标单位不得以低于成本的报价竞标。

(5)形成、制作投标文件。投标文件应完全按照招标文件的各项要求编制。投标文件应当对招标文件提出的实质性要求和条件做出响应,一般不能带任何附加条件,否则将导致投标无效。

(6)递送投标文件。递送投标文件,也称递标,是指投标单位在招标文件要求的提交投标文件的截止时间前,将所有准备好的投标文件密封送达投标地点。招标单位收到投标文件后,应当签收保存,不得开启。投标单位在递交投标文件以后,投标截止时间之前,可以对所递交的投标文件进行补充、修改或撤回,并书面通知招标单位,但所递交的补充、修改或撤回通知必须按招标文件的规定编制、密封和标志。补充、修改的内容为投标文件的组成部分。

八、参加开标会、中标与签约

1. 开标会议

投标人必须按照规定的日期参加开标会,投标单位的法人代表或授权代表应签名报到,以证明出席开标会议,投标单位未派代表出席开标会议的,视为自动弃权。参加开标会议是获取本次投标招标人及竞争者公开信息的重要途径,以便于比较自身在投标方面的优势和劣势,为后续即将展开的工作方向进行研究,以便于决策。

2. 中标与签约

投标人收到招标单位的中标通知书,即获得工程承建权,表示投标人在投标竞争中获胜。招标人和中标人应当自中标通知书发出之日起 30 日内,按照招标文件和中标人的投标文件订立书面合同。招标人和中标人不得再行订立背离合同实质性内容的其他协议。如果投标人在中标后不愿意承包该工程而逃避签约,招标单位将按规定没收其投标保证金作为补偿,并依法要求其承担相应的法律责任。

工程项目施工投标的程序,如图 3-1 所示。

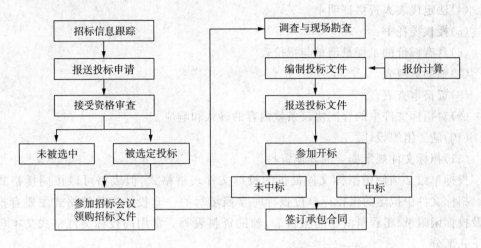

图 3-1　工程项目施工投标程序

第三节　投标文件的编制

投标文件是投标活动的一个书面成果,它是投标人是否通过评标、决标,进而签订合同的依据。在确定报价之前,即可编写投标文件。投标文件的编写要完全符合招标文件的要求,也要对招标文件做出实质性响应,否则会导致废标。

一、建设工程投标文件的组成

建设工程投标文件,是建设工程投标单位单方面阐述自己响应招标文件要求,旨在向招标单位提出愿意订立合同的意思表示,是投标单位确定、修改和解释有关投标事项的各种书面表达形式的统称。从合同订立过程来分析,建设工程投标文件在性质上属于一种要约,其目的在于向招标单位提出订立合同的意愿。建设工程投标文件作为一种要约,必须符合一定的条件才能发生约束力。这些条件主要有如下几项:

(1)必须明确向招标单位表示愿以招标文件的内容订立合同的意思。

(2)必须对招标文件提出的实质性要求和条件做出响应,不得以低于成本的报价竞标。

(3)必须由有资格的投标单位编制。

(4)必须按照规定的时间、地点递交给招标单位。

凡不符合上述条件的投标文件,将被招标单位拒绝。

建设工程投标文件是由一系列有关投标方面的书面资料组成的。一般来说,投标文件由以下内容组成:

（1）投标函。

（2）投标函附录。

（3）投标保证金。

（4）法定代表人资格证明书。

（5）授权委托书。

（6）具有标价的工程量清单与报价表。

（7）辅助资料表。

（8）资格审查表。

（9）对招标文件中的合同协议条款内容的确认和响应。

（10）施工组织设计。

（11）招标文件规定提交的其他资料。

投标单位必须使用招标文件提供的投标文件表格格式，但表格可以按同样格式扩展。招标文件中拟定的供投标单位投标时参照填写的一套投标文件的格式主要有投标函及投标函附录、工程量清单与报价表、辅助资料表等。常用的投标文件格式文本包括以下几部分。

1. 投标函部分

投标函部分主要对招标文件中的重要条款做出响应，包括法定代表人身份证明书、投标文件签署授权委托书、投标函、投标函附录、投标担保等文件。

（1）投标函

投标函是投标文件的核心文件和重要组成部分，是投标人向招标人发出投标的意思表示，即投标人对招标人的招标文件做出的响应。投标函是投标人在研究招标文件的投标人须知、合同条款、技术规范、图纸、工程量清单及其他有关文件，并踏勘现场后，向招标人发出的愿意承担招标工程的意思表示文件。主要内容包括：投标报价、质量保证、工期保证、履约担保保证和投标担保等。

投标函格式由招标人在招标文件中提供，由投标申请人填写。在提交投标文件时一并提交。

第1条是投标人对招标工程提出投标，承诺按招标文件的图纸、合同条款等要求承包招标工程的施工、竣工，承担任何质量缺陷保修责任，并提出投标报价的条款。需要注意的是填写投标报价时，应按照招标文件规定的币种，将报价金额的大、小写填写清楚。

第2条是投标人承认已经对全部招标文件进行了审核的条款。

第3条是投标人承认投标函附录是投标函组成部分的条款。

第4条是投标人对施工工期的承诺。

第5条是投标人对提供履约担保的承诺。履约担保分银行保函和担保机构担保书两种形式，具体工程只选择一种。该条需要注意的是担保金额需填写清楚。

第6条是投标人对其投标文件在招标文件规定的投标有效期内有效的承诺。

第7条是投标人承认中标通知书和投标文件是合同文件组成部分的条款。

第8条是投标人对提供投标担保的承诺。该条需要注意的是担保金额需按照招标文件规定的币种填写清楚。

在投标函的最后,需将投标人的名称、单位地址、法定代表人或委托代理人姓名,以及投标人开户银行、账户等内容如实填写,并加盖公章。

在投标函里填写的拟招标工程的名称、编号等应与招标公告或投标邀请书中的内容一致,投标报价金额的大写与小写应一致,施工工期应与合同协议书工期一致,履约担保和投标担保的金额应明确。详见范本3-2。

范本3-2 投标函

投标函

致:_____(招标人名称)

1. 根据你方招标工程项目编号为_____(项目编号)的_____(招标工程项目名称)工程招标文件,遵照《中华人民共和国招标投标法》等有关规定,经踏勘项目现场和研究上述招标文件的投标人须知、合同条款、图纸、工程建设标准和工程量清单及其他有关文件后,我方愿以人民币(大写)_____元(RMB¥_____元)的投标报价[并承诺:此投标总价包括完成施工图纸、工程量清单、用户需求书及投标答疑(如果有)所要求的全部工程项目内容]并按上述图纸、合同条款、工程建设标准和工程量清单(如有时)的条件要求承包上述工程的施工、竣工,并承担任何质量缺陷保修责任。我方承诺采用以总价包干方式,在合同实施期间保持不变,并不因劳务、材料、机械等成本的价格变动而做任何调整。

2. 我方已详细审核全部招标文件,包括修改的文件(如有时)及有关附件。

3. 我方承认投标函附录是我方投标函的组成部分。

4. 一旦我方中标,我方保证按合同协议书中规定的工期____日历天内完成并移交全部工程。

5. 如果我方中标,我方将按照规定提交上述总价_____%的银行保函或上述总价_____%的由具有担保资格和能力的担保机构出具的履约担保书作为履约担保。

6. 我方同意所提交的投标文件在招标文件的投标人须知中第15条规定的投标有效期(即90天)内有效,在此期间内如果中标,我方将受此约束。

7. 除非另外达成协议并生效,你方的中标通知书和本投标文件将成为约束双方的合同文件的组成部分。

8. 我方将与本投标函一起,提交人民币_____元作为投标担保。

(2)投标函附录

投标函后,一般附有投标函附录,共同构成合同文件的重要组成部分,主要内容是对投标文件中涉及的关键性或实质性的内容条款进行说明或强调。

投标人填报投标函附录时,在满足招标文件实质性要求的基础上,可以提出比招标文件要求更有利于招标人的承诺。一般以表格形式摘录列举,见范本3-3。其中"序号"一般根据所列条款名称在招标文件合同条款中的先后顺序进行排列;"条款名称"为所摘录条款的关键词;"合同条款号"为所摘录条款名称在招标文件合同条款中的条款号;"约定内容"是投标人投标时填写的承诺内容。

工程投标函附录所约定的合同重点条款应包括工程缺陷期、履约保证金、工程预付款、施工准备时间、误期违约金额、误期赔偿费限额、提前工期奖等在合同执行中需投标人引起重视的关键数据。

范本 3-3 投标函附录

投标函附录

工程名称：_____（项目名称）_____标段

序号	条款内容	合同条款号	约定内容	备注
1	项目经理	1.1.2.4	姓名：_____	
2	工期	1.1.4.3	_____日历天	
3	缺陷责任期	1.1.4.5		
4	承包人履约担保金额	4.2		
5	分包	4.3.4	见分报项目情况表	
6	逾期竣工违约金	11.5	_____元/天	
7	逾期竣工违约金最高限额	11.5	_____	
8	质量标准	13.1		
9	价格调整的差额计算	16.1.1	见价格指数权重表	
10	预付款额度	17.2.1		
11	预付款保函金额	17.2.2		
12	质量保证金扣留百分比	17.4.1		
	质量保证金额度	17.4.1		

备注：投资人在相应招标文件中规定的实质性要求和条件的基础上，可做出其他有利于招标人的承诺。此类承诺可在本表中予以补充填写。

投标人（盖章）

法人代表或委托代理人（签字或盖章）

日期：_____年___月___日

（3）法定代表人身份证明

在招标投标活动中，法定代表人代表法人的利益行使职权，全权处理一切民事活动。因此，法定代表人身份证明十分重要，用以证明投标文件签字的有效性和真实性。

投标文件中的法定代表人身份证明见范本 3-4。一般包括：投标人名称、单位性质、地址、成立时间等投标人的一般资料，除此之外还应有法定代表人的姓名、性别、年龄和职务等有关法定代表人的相关信息和资料。法定代表人身份证明应加盖投标人的法人印章。

范本3-4 法定代表人身份证明

法定代表人身份证明

投标人：_____

单位性质：_____

地　址：_____

成立时间：_____年____月____日

经营期限：_____

姓　名：_____ 性　别：_____

年　龄：_____ 职　务：_____

系_____（投标人名称）的法定代表人。

特此证明。

投标人：_____（盖单位章）

_____年____月____日

若投标人的法定代表人不能亲自签署投标文件进行投标,则法定代表人须授权代理人全权代表其在投标过程和签订合同中执行一切与此有关的事项。

授权委托书中应写明投标人名称、法定代表人姓名、代理人姓名、授权权限等,见范本3-5。授权委托书一般规定代理人不能再次委托,即代理人无转委托权。法定代表人应在授权委托书上亲笔签名。

范本3-5 授权委托书

授权委托书

本人_____（姓名）系_____（投标人名称）的法定代表人,现委托_____（姓名）为我方代理人。代理人根据授权,以我方名义签署、澄清、说明、补正、递交、撤回、修改_____（项目名称）_____标段施工投标文件、签订合同和处理有关事宜,其法律后果由我方承担。

委托期限_____

_____

代理人无转委托权,特此委托。

附:法定代表人身份证明

投　标　人：_____（盖单位章）

法定代表人：_____（签字）

身份证号码：_____

委托代理人：_____（签字）

身份证号码：_____

_____年____月____日

（4）投标保证金

1）投标保证金

投标保证金是在招标投标活动中，投标单位随投标文件一同递交给招标单位的一定形式、一定金额的投标责任担保，见范本3-6。其主要目的：一是对投标单位的投标活动进行担保，担保投标单位在招标单位定标前不得撤销其投标；二是担保投标单位在被招标单位宣布为中标人后，其即受合同成立的约束，不得反悔或者改变其投标文件中的实质性内容，否则其投标保证金将被招标单位没收。

范本3-6　投标保证金

投标保证金

保函编号：_____

_____（招标人名称）：

鉴于_____（投标人名称）（以下简称"投标人"）参加你方_____（项目名称）_____标段施工的投标，_____（担保人名称，以下简称"我方"）受该投标人委托，在此无条件地、不可撤销地保证：一旦收到你方提出的下述任何一种事实的书面通知，在7日内无条件向你方支付总额不超过_____（投标保函额度）的任何你方要求的金额。

投标人在规定的投标文件有效期内撤销或修改其投标文件。

投标人在收到中标通知书后无正当理由而未在规定的期限内与贵方签署合同。

投标人在收到中标通知书后未能在招标文件规定的期限内向贵方提交招标文件所要求履行的担保。

本保函在投标有效期内保持有效，除非你方提前终止或解除本保函。要求我方承担保证责任的通知应在投标有效期内送达我方。保函失效后请将本保函交投标人退回我方注销。

本保函项下所有权利和义务均受中华人民共和国法律管辖和制约。

担保人名称：_____（盖单位章）

法定代表人或其委托代理人：_____（签字）

地　　　址：_____

邮政编码：_____

电　　　话：_____

传　　　真：_____

　　　　　　　　　　　　　　　　　　_____年____月____日

2）投标保证金的形式

① 现金

对于数额较小的投标保证金而言，采用现金方式提交是一个不错的选择。但对于数额较大（如万元以上）采用现金方式提交就不太合适了。因为现金不易携带，不方便递交，在开标会上清点大量的现金不仅浪费时间，操作手段也比较原始，既不符合我国的财务制度,也不符合现代的交易支付习惯。

② 银行汇票

银行汇票是汇票的一种,是一种汇款凭证,由银行开出,交由汇款人转交给异地收款人,异地收款人再凭银行汇票在当地银行兑取汇款。对于用作投标保证金的银行汇票而言则是由银行开出,交由投标单位递交给招标单位,招标单位再凭银行汇票在自己的开户银行兑取汇款。

③ 银行本票

本票是出票人签发的,承诺自己在见票时无条件支付确定的金额给收款人或者持票人的票据。对于用作投标保证金的银行本票而言则是由银行开出,交由投标单位递交给招标单位,招标单位再凭银行本票到银行兑取资金。银行本票与银行汇票、转账支票的区别在于银行本票是见票即付,而银行汇票、转账支票等则是从汇出、兑取到资金实际到账有一段时间。

④ 支票

支票是出票人签发的,委托办理支票存款业务的银行或者其他金融机构在见票时无条件支付确定的金额给收款人或者持票人的票据。支票可以支取现金(即现金支票),也可以支取转账(即转账支票)。对于用作投标保证金的支票而言则是由投标单位开出,并由投标单位交给招标单位,招标单位再凭支票在自己的开户银行支取资金。

⑤ 投标保函

投标保函是由投标单位申请银行开立的保证函,保证投标单位在中标人确定之前不得撤销投标,在中标后应当按照招标文件与招标单位签订合同。如果投标单位违反规定,开立保证函的银行将根据招标单位的通知,支付银行保函中规定数额的资金给招标单位。

3)投标保证金的作用

投标保证金具有如下作用:

① 对投标单位的投标行为产生约束作用,保证招标投标活动的严肃性。招标投标是一项严肃的法律活动,投标单位的投标是一种要约行为。投标单位作为要约人,向招标单位(受要约人)递交投标文件之后,即意味着向招标单位发出了要约。在投标文件递交截止时间至招标单位确定中标人的这段时间内,投标单位不能要求退出竞标或者修改投标文件;而一旦招标单位发出中标通知书,做出承诺,则合同即告成立,中标的投标单位必须接受并受到约束。否则,投标单位就要承担合同订立过程中的缔约过失责任,就要承担投标保证金被招标单位没收的法律后果。这实际上是对投标单位违背诚实信用原则的一种惩罚。所以,投标保证金能够对投标单位的投标行为产生约束作用,这是投标保证金最基本的功能。

② 在特殊情况下,可以弥补招标人的损失。投标保证金一般定为投标报价的 2%,这是个经验数字,因为对实践中大量的工程招标投标的统计数据表明,通常最低标与次低标的价格相差在 2% 左右。因此,如果发生最低标的投标单位反悔而退出投标的情形,则招标单位可以没收其投标保证金并授标给投标报价次低的投标单位,用该投标保证金弥补最低价与次低价两者之间的价差,从而在一定程度上可以弥补或减少招标单位所遭

受的经济损失。

③ 督促招标单位尽快定标。投标保证金对投标单位的约束作用是有一定时间限制的,这一时间即是投标有效期。如果超出了投标有效期,则投标单位不对其投标的法律后果承担任何责任。所以,投标保证金只是在一个明确的期限内保持有效,从而可以防止招标单位无限期地延长定标时间,影响投标单位经营决策和合理调配自己的资源。

④ 从一个侧面反映和考察投标单位的实力。投标保证金采用现金、支票、汇票等形式,实际上是对投标单位流动资金的直接考验。投标保证金采用银行保函的形式,银行在出具投标保函之前一般都要对投标单位的资信状况进行考察,信誉欠佳或资不抵债的投标单位很难从银行获得经济担保。由于银行一般都对投标单位进行动态的资信评价,掌握着大量投标单位的资信信息,因此,投标单位能否获得银行保函,能够获得多大额度的银行保函,这也可以从一个侧面反映投标单位的实力。

2. 商务标部分(投标报价部分)

投标人根据招标文件中工程量清单以及计价要求,结合施工现场实际情况及施工组织设计,按照企业工程施工定额或参照政府工程造价管理机构发布的工程定额,结合市场人工、材料、机械等要素价格信息进行投标报价,编制工程量清单计价表。

工程量清单计价表主要包括:封面、总说明、汇总表、分部分项工程量清单与计价表、措施项目清单与计价表、其他项目清单与计价表、规费、税金项目清单与计价表等。

投标人应按招标人提供的工程量清单填报价格。填写的项目编码、项目名称、项目特征、计量单位、工程量必须与招标人提供的一致。投标价由投标人自主确定,但不得低于成本。投标价应由投标人或受其委托具有相应资质的工程造价咨询单位编制。

工程量清单计价应采用统一的格式,工程量清单计价格式随招标文件发至投标人,由投标人填写。工程量清单计价格式由下列内容组成。

(1)封面

封面由投标人按规定的内容填写、签字、盖章。封面格式见范本 3 - 7。

范本 3 - 7 封面格式

××工程
工程量清单报价表
投标人:＿＿＿＿＿＿＿＿＿＿(签字盖章)   法定代表人:＿＿＿＿＿＿＿＿＿＿(签字盖章)   资质等级:＿＿＿＿＿＿＿＿＿＿(盖业务专用章)   造价工程师及注册证号:＿＿＿＿＿＿＿＿＿＿(签字盖章)   编制人:＿＿＿＿＿＿＿＿＿＿   编制时间:＿＿＿＿＿＿＿＿＿＿

(2)投标总价表

投标总价应按工程项目总价表合计金额填写,应当与分部分项工程费、措施项目费、其他项目费和规费、税金的合计金额一致。投标总价表格式见范本3-8。

范本3-8 投标总价表

投标总价

招标人：_____

工程名称：_____

工程总价(小写)：_____

工程总价(大写)：_____

投标人：_____

(单位盖章)

法定代表人或其授权人：_____

(签字或盖章)

编制人：_____

(造价人员签字盖专用章)

编制时间：_____年____月____日

（3）工程项目总价表

工程项目总价表应按各单项工程费汇总表的合计金额填写。工程项目总价表格式
见表3-2。

表3-2 工程项目总价表

序号	单项工程名称	金额(元)	其中		
			暂估价(元)	安全文明施工费(元)	规费(元)

（4）单项工程投标报价汇总表

单项工程投标报价汇总表应按各单位工程投标报价汇总表的合计金额填写。单项
工程投标报价汇总表格式见表3-3。

表3-3 单项工程投标报价汇总表

序号	单位工程名称	金额(元)	其中		
			暂估价(元)	安全文明施工费(元)	规费(元)

（5）单位工程投标报价汇总表

单位工程投标报价汇总表根据分部分项工程量清单与计价表、措施项目清单与计价
表、其他项目清单与计价汇总表、规费、税金项目清单与计价表的合计填写。单位工程投
标报价汇总表格式见表3-4。

表 3-4 单位工程投标报价汇总表

序号	汇总内容	金额(元)	其中:暂估价(元)
1	分部分项工程		
2	措施项目		
2.1	安全文明施工		
3	其他项目		
3.1	暂列金额		
3.2	专用工程暂估价		
3.3	计日工		
3.4	总承包服务费		
4	规费		
5	税金		
投标报价合计＝1＋2＋3＋4＋5			

(6)分部分项工程量清单与计价表

分部分项工程量清单与计价表是根据招标人提供的工程量清单填写单价与合价得到的。分部分项工程费应依据综合单价的组成内容,根据招标文件中分部分项工程量清单项目的特征描述确定综合单价计算。

综合单价是完成一个规定计量单位的分部分项工程量清单项目所需的人工费、材料费、施工机械使用费和企业管理费与利润,综合单价中应考虑招标文件中要求投标人承担的风险费用。招标文件中提供了暂估单价的材料,按暂估单价计入综合单价。

分部分项工程量清单与计价表格式见表 3-5。

表 3-5 分部分项工程量清单与计价表

序号	项目编码	项目名称	项目特征描述	计量单位	工程量	金额(元)		
						综合单价	合价	其中:暂估价

(7)措施项目清单与计价表

措施项目中的总价项目金额应根据招标文件及投标时拟定的施工组织设计或施工方案,采用综合单价计价的方式自主确定。措施项目中的安全文明施工费必须按国家或省级行业建设主管部门的规定计算,不得作为竞争性费用。

(8)其他项目清单与计价表

其他项目应按下列规定报价:

① 暂列金额应按招标人在其他项目清单中列出的金额填写；

② 材料、工程设备暂估价应按招标工程量清单中列出的单价计入综合单价；

③ 专业工程暂估价应按招标工程量清单中列出的金额填写；

④ 计日工应按招标工程量清单中列出的项目和数量，自主确定综合单价并计算计日工金额；

⑤ 总承包服务费应根据招标工程量清单中列出的内容和提出的要求自主确定。

(9)规费、税金项目清单与计价表

规费和税金应按国家或省级行业建设主管部门的规定计算，不得作为竞争性费用。

3. 技术标部分(施工组织设计)

对于大中型工程和结构复杂、技术要求高的工程来说，技术标往往是能否中标的决定性因素。技术标通常由施工组织设计、项目管理班子配备情况、项目拟分包情况、企业信誉及实力等四部分组成，具体内容如下：

(1)项目管理机构

项目管理机构包括企业为项目设立的管理机构和项目管理班子(项目经理或项目负责人、项目技术负责人等)。

(2)施工组织设计

施工组织设计是指导拟建工程施工全过程各项活动的技术、经济和组织的综合性文件。它分为招标投标阶段编制的施工组织设计和接到施工任务后编制的施工组织设计。前者深度和范围都不及后者，是初步的施工组织设计；如中标再行编制详细而全面的施工组织设计。初步的施工组织设计一般包括进度计划和施工方案等，主要包括以下内容：

① 拟投入本工程的主要施工设备表；

② 拟配备本工程的试验和检测仪器设备表；

③ 劳动力计划表；

④ 计划开工、竣工日期和施工进度计划；

⑤ 施工总平面图；

⑥ 临时用地表；

⑦ 施工组织设计编制及装订要求。

在投标阶段编制的进度计划不是施工阶段的工程施工计划，可以粗略一些，一般用横道图表示即可。除招标文件专门规定必须用网络图外，一般不采用网络计划。在编制进度计划时要考虑和满足以下要求：

① 总工期符合招标文件的要求。如果合同要求分期、分批竣工交付使用，则应标明分期、分批交付使用的时间和数量。

② 表示各项主要工程的开始和结束时间，如房屋建筑中的土方工程、基础工程、混凝土结构工程、屋面工程、装修工程、水电安装工程等的开始和结束时间。

③ 体现主要工序相互衔接的合理安排。

④ 有利于充分有效地利用施工机械设备，减少机械设备占用周期。

⑤ 便于编制资金流动计划，有利于降低流动资金占用量，节省资金利息。

施工方案的制定要从工期要求、技术可行性、保证质量、降低成本等方面综合考虑，选择和确定各项工程的主要施工方法和适用、经济的施工方案。

（3）拟分包计划表

如有分包工程，投标人应说明工程的内容、分包人的资质及以往类似工程业绩等。

（4）企业信誉及实力

企业概况、已建和在建工程、获奖情况以及相应的证明资料。

二、投标文件编制的要求

编制投标文件时应注意以下事项：

（1）投标单位编制投标文件时必须使用招标文件提供的投标文件表格格式，但表格可以按同样格式扩展。投标保证金、履约保证金的方式，按招标文件有关条款的规定可以选择。投标单位根据招标文件的要求和条件填写投标文件的空格时，凡要求填写的空格都必须填写，不得空着不填；否则，即被视为放弃意见。实质性的项目或数字如工期、质量等级、价格等未填写的，将被作为无效或作废的投标文件处理。将投标文件按规定的日期送交招标单位，等待开标、决标。

（2）应当编制的投标文件"正本"仅一份，"副本"则按招标文件前附表所述的份数提供，同时要明确标明"投标文件正本"和"投标文件副本"字样。投标文件正本和副本如有不一致之处，以正本为准。

（3）如招标文件规定投标保证金为合同总价的某一百分比时，投标人不宜过早开具投标保函，以防泄漏自己一方的报价。

（4）投标文件应用不褪色的材料书写或打印，并由投标人的法定代表人或其委托代理人签字或盖单位章。委托代理人签字的，投标文件应附法定代表人签署的授权委托书。

（5）投标单位应将投标文件的正本和每份副本分别密封在内层包封中，再密封在一个外层包封中，并在内包封上正确标明"投标文件正本"和"投标文件副本"。内层和外层包封都应写明招标单位名称和地址、合同名称、工程名称、招标编号，并注明开标时间以前不得开封。在内层包封上还应写明投标单位的名称与地址、邮政编码，以便投标出现逾期送达时能原封退回。如果内外层包封没有按上述规定密封并加写标志，招标单位将不承担投标文件错放或提前开封的责任，由此造成的提前开封的投标文件将被拒绝，并退还给投标单位。投标文件递交至招标文件前附表所述的单位和地址。

三、编制建设工程投标文件的步骤

投标单位在领取招标文件以后，就要进行投标文件的编制工作。编制投标文件的一般步骤如下：

（1）熟悉招标文件、图纸、资料，对图纸、资料有不清楚、不理解的地方，可以用书面或口头方式向招标人询问、澄清。

（2）参加招标单位施工现场情况介绍和答疑会。

（3）调查当地材料供应和价格情况。

（4）了解交通运输条件和有关事项。

（5）编制施工组织设计，复查、计算图纸工程量。

（6）编制或套用投标单价。

（7）计算取费标准或确定采用取费标准。

（8）计算投标造价。

（9）核对调整投标造价。

（10）确定投标报价。

第四节　投标策略

投标策略是指投标过程中，投标人根据竞争环境的具体情况而制定的行动方针和行为方式，是投标人在竞争中的指导思想，是投标人参加竞争的方式和手段。投标策略是一种艺术，它贯穿于投标竞争过程的始终。其中最为重要的是投标报价的基本策略。投标报价是承包商根据业主的招标条件，以报价的形式参与建筑工程市场竞争，争取承包项目的过程。

报价是影响承包商投标成败的关键。合理的报价，不仅对业主有足够的吸引力，而且应使承包商获得一定的利益。报价是确定中标人的条件之一，但不是唯一的条件。一般来说，在工期、质量、社会信誉相同的条件下，招标人以选择最低报价为好。企业不能单纯追求报价最低，应当在评价标准和项目本身条件所决定的标价高低的因素上充分考虑报价的策略。

（1）一般来说下列情况下报价可高一些：

①施工条件差的工程（如场地狭窄、地处闹市）；

②专业要求高的技术密集型工程，而本公司有这方面的专长，声望也高；

③总价低的小工程，以及自己不愿意做而被邀请投标时，不便于不投标的工程；

④特殊的工程，如港口码头工程、地下开挖工程等；

⑤业主对工期要求急的；

⑥投标对手少的；

⑦支付条件不理想的。

（2）下述情况下报价应低一些：

①施工条件好的工程，工作简单，工程量大而一般公司都可以做的工程，如大量的土方工程、一般房建工程等；

②本公司目前急于打入某一市场、某一地区，或虽已在某地区经营多年，但即将面临没有工作的情况（某些国家规定，在该国注册公司一年内没有经营项目时，就要撤销营业执照）；

③附近有工程而本项目可利用该项工程的设备、劳务或有条件短期内突击完成的；

④投标对手多，竞争力强的工程；

⑤非急需工程；

⑥支付条件好，如现汇支付。

投标人对报价应做深入细致的分析,包括分析竞争对手、市场材料价格、企业盈亏、企业当前任务情况等,确定报价决策,即报价上浮或下浮的比例,决定最后报价。在实际工作中经常采用以下的投标策略。

一、不平衡报价策略

不平衡报价法是一个工程项目的投标报价在总价基本确定后,调整内部各个项目的报价,既不提高总价,同时能在结算时得到更理想的经济效益。一般情况如下:

1."早收钱"的不平衡报价

能早日结账收款的项目(如建筑工程中的基础、土方等前期工程)的单价可定高一些,将投标开支、保函手续费、临时设施费、开办费等资金分摊到早期工程价格中,以利于资金周转;后期工程项目(如装饰、电气等)单价可适当降低。

2."多收钱"的不平衡报价

(1)经过工程量核算,预计今后工程量会增加的项目,单价适当提高;预计工程量会减少的项目单价降低。

(2)设计图纸不明确或有错误,估计今后会修改的项目单价可提高;工程内容说明不清的单价可降低,有利于以后的索赔。

(3)没有工程量,只填单价的项目(如土方工程中的挖淤泥、岩石等),其单价宜高,这样既不影响投标报价,以后发生时又可多获利。

(4)对暂定项目如工程不分标,则其中确定要实施的项目单价可提高,不一定做的项目单价可适当下调;如工程分标,则暂定项目也可能由其他承包商施工,则不宜报高价。

(5)不平衡报价的调价幅度一定要控制在合理幅度内(10%左右),以免引起业主反对,甚至导致废标。

应用不平衡报价法时应在保持报价总价不改变的前提下,在适当的调整范围内进行不平衡报价。

二、多方案报价策略

多方案报价法是投标人针对招标文件中的某些不足,提出有利于业主的替代方案(又称备选方案),用合理化建议吸引业主争取中标的一种投标策略。具体做法是:按招标文件的要求报正式标价;在投标书的附录中提出替代方案,并说明如果被采纳,标价将降低的数额。

1. 替代方案的种类

(1)修改合同条款的替代方案。

(2)合理修改原设计的替代方案等。

2. 多方案报价法的特点

(1)多方案报价法是投标人的"为用户服务"经营思想的体现。

(2)多方案报价法要求投标人有足够的商务经验或技术实力。

(3)招标文件明确表示不接受替代方案时,应放弃采用多方案报价法。

三、随机应变策略

在投标截止日之前,一些投标人采取随机应变策略,这是根据竞争对手可能出现的方案,在充分预案的前提下,采取的突然降价策略、开口升级策略、扩大标价策略、许诺优惠条件策略的总称。

1. 突然降价法

投标人在开标前,提出降价率。由于开标只降总价,在签订合同后可采用不平衡报价的方法调整工程量表内的各项单价或价格,同样能取得更高的效益。采取突然降价法必须在信息完备、测算合理、预案完整、系统调整的条件下运作。

2. 开口升级报价法

这种方法是将报价看成是协商的开始。首先对图纸和说明书进行分析,把工程中的一些难题,如特殊基础等造价最多的部分抛开作为活口,将标价降至其他投标人无法与之竞争的数额(在报价单中应加以说明)。利用这种"最低标价"吸引业主,从而取得与业主商谈的机会。由于特殊条件,施工要求的灵活,再利用活口升级加价,以期最后中标。

3. 扩大标价法

扩大标价法是投标人针对招标项目中的某些要求不明确、工程量出入较大等有可能承担重大风险的部分提高报价,从而规避意外损失的一种投标策略。例如在建设工程施工投标中,校核工程量清单时发现某些分部分项工程的工程量、图纸与工程量清单有较大的差异,并且业主不同意调整,而投标人也不愿意让利的情况下,就可对有差异部分采用扩大标价法报价,其余部分仍按原定策略报价。

4. 许诺优惠条件

投标报价附带优惠条件是行之有效的一种手段。招标单位评标时,主要考虑报价和技术方案,还要分析其他条件,如工期、支付条件等。所以在投标时主动提出提前竣工、低息贷款、赠给施工设备、免费转让新技术或某种技术专利等,均是吸引业主、利于中标的辅助手段。

四、其他策略

1. 服务取胜法

服务取胜法是投标人在工程建设的前期阶段,主动向业主提供优质的服务,例如代办征地、拆迁、报建、审批、申办施工许可证等各种手续,与业主建立起良好的合作关系,有了这个基础,一般只要能争取进入评标委员会的推荐名单,就能中标。

2. 低标价取胜法

建设工程中的中小型项目,往往技术要求明确,并要求投标人有成功的建设经验,业主大多采用"经评审的最低投标报价法"评标定标。对于这类工程的投标人,应切实把握自己的成本,在不低于成本的条件下,尽可能降低报价,争取以低标价中标。

3. 缩短工期取胜法

建设项目实行法人负责制后,业主投入资金的时间价值意识明显提高,根据统计,招标工程中有三分之二以上的项目要求缩短工期,要求比定额工期少30%是比较普遍的现象,甚至有要求缩短工期更多的。投标人应在充分认识缩短工期的风险的前提下,制定切实可行的技术措施,合理压缩工期,以业主满意的期限,争取中标。

4. 质量信誉取胜法

质量信誉取胜法是指投标人依靠自己长期努力建立起来的质量信誉争取中标的策略。质量信誉是企业信誉的重要组成部分,是企业长期诚信经营的结晶,获得市场的认同,企业必定进入良性循环阶段。企业在创建质量信誉的过程中,要付出一定的代价。

例如,某施工企业在一次施工项目投标时为了中标,按当材料市场的价格信息以成本价投标,中标后与业主签订了固定总价合同。合同期剩余不到一个月,钢材和水泥价格大幅度上涨,继续履行合同的损失将超过违约损失。该企业决定信守合同价格义务,执行合同约定的质量标准,按时完成任务。该企业虽然在这个工程上亏本 5% 以上,但市场反响强烈,在以后的投标中一般就不需要再以成本价去竞标了。

【案例分析题 2】

某市重点工程项目采用公开招标。经资格预审后,确定 A、B、C 共三家合格投标人。该三家投标人分别于 10 月 13—14 日领取了招标文件,同时按要求递交投标保证金 50 万元,购买招标文件费 500 元。招标文件规定:投标截止时间为 10 月 31 日,投标有效期截止时间为 12 月 30 日,投标保证金有效期截止时间为次年 1 月 30 日。招标人对开标前的主要工作安排为:10 月 16—17 日,由招标人分别安排各投标人踏勘现场;10 月 20 日,招标预备会,会上主要对招标文件和招标人能提供的施工条件等内容进行答疑,考虑各投标人所拟定的施工方案和技术措施不同,将不对施工图做任何解释。各投标人按时递交了投标文件,所有投标文件均有效。

评标工作于 11 月 1 日结束并于当天确定中标人。11 月 2 日招标人向当地主管部门提交了评标报告;11 月 10 日招标人向中标人发出中标通知书,12 月 1 日双方签订了施工合同;12 月 3 日招标人将未中标结果通知给另两家投标人,并于 12 月 9 日将投标保证金退还给未中标人。

1. 该工程开标之前所进行的招标工作有哪些不妥之处? 说明理由。

2. 请指出评标结束后招标人工作有哪些不妥之处,并说明理由。

【参考答案】

问题 1:

(1)要求投标人领取招标文件时递交投标保证金不妥,因为投标保证金应在投标截止前递交。

(2)投标截止时间不妥,因为根据规定,从招标文件发出到投标截止时间不能少于20 日。

(3)踏勘现场安排不妥,因为根据规定,招标人不得组织单个或者部分潜在投标人踏勘项目现场。

(4)投标预备会上对施工图不做任何解释不妥,因为招标人应就施工图进行交底和解释。

(5)投标保证金有效期不妥,因为投标保证金有效期应当与投标有效期一致。

问题 2:

(1)招标人向主管部门提交的书面报告内容不妥,应提交招投标活动的书面报告而不仅仅是评标报告。

(2)招标人仅向中标人发出中标通知书不妥,还应同时将中标结果通知未中标人。

(3)招标人通知未中标人时间不妥,应在向中标人发出中标通知书的同时通知未中标人。

(4)退还未中标人的投标保证金时间不妥,招标人最迟应在与中标人签订合同后5日内向未中标人退还投标保证金。

【案例分析题3】

某项工程公开招标,在投标文件的编制阶段,某投标单位认为该工程原方案采用框架剪力墙体系过于保守,在投标报价书中建议,将框架剪力墙体系改为框架体系,经技术经济分析和比较,可降低造价约为2.5%。该投标单位将技术标和商务标分别封装,在投标截止日期前一天上午将投标文件报送业主。次日(即投标截止日当天)下午,在规定的开标时间前1小时,该投标单位又递交了一份补充资料,其中声明将原报价降低4%。但招标单位的有关工作人员认为一个投标单位不能递交两份投标文件,因而拒收投标单位的补充资料。

该项目开标会由市招标办的工作人员主持,市公证处有关人员到会,各投标单位代表均到场。开标前,市公证处人员对各投标单位的资质进行审查,并对所有投标文件进行审查,确认所有投标文件有效后,正式开标。主持人宣读投标单位名称、投标价格、投标工期和有关投标文件的重要说明。

1. 招标单位的有关工作人员是否应拒绝该投标单位的投标?说明理由。该投标单位在投标中运用了哪几种报价技巧?是否恰当?加以说明。

2. 开标会中存在哪些问题?加以说明。

【参考答案】

1. 招标单位的有关工作人员不应拒收承包商的补充文件,因为承包商在投标截止时间之间所递交的任何正式书面文件,都是投标文件的有效组成部分,也就是说补充文件与原投标文件共同构成一份投标文件,而不是两份相互独立的投标文件。投标单位运用了两种投标报价技巧,即增加建议方案法和突然降价法。

2. 根据我国《招标投标法》,应由招标人主持开标会,并宣读投标单位名称、投标价格等内容,而不应由市招标办工作人员主持和宣读。

本章小结

本章全面介绍了建筑工程施工投标的内容,包括投标的基本规定、投标的程序、投标报价的组成和编写规定、投标文件的组成和编制要求等相关内容。就投标基本规定而言,着重介绍了投标的基本概念、性质和分类,着重阐述了投标文件的实质性响应的具体要求。

就投标程序而言,着重介绍了投标过程中的几个关键环节,即研究招标文件;申报资格审查,提供有关资料文件;购领招标文件和有关资料,缴纳投标保证金;组织投标班子,委托投标代理机构;参加踏勘工程现场和投标预备会;编制和递交投标文件;出席开标会议,参加评标期间的澄清会谈;接受中标通知书,签订合同,提供履约担保。

就投标报价主要介绍了投标报价费用的组成,即由四部分组成:直接费、间接费、利润和税金;并介绍了工程量清单的编制规定。

就投标文件的编写主要介绍了投标文件的组成,即投标书;投标保证金;法定代表人资格证明书;授权委托书;具有标价的工程量清单与报价表;辅助资料表;资格审查表;对招标文件中的合同协议条款内容的确认和响应;施工组织设计;按招标文件规定提交的其他资料。

复习思考题

一、单选题

1. 投标书是投标人的投标文件,是对招标文件提出的要求和条件做出(   )的文本。

A. 符合　　　　　　B. 否定　　　　　　C. 响应　　　　　　D. 实质性响应

2. 投标文件正本(   ),副本份数见投标人须知前附表。

A.1 份　　　　　　B.2 份　　　　　　C.3 份　　　　　　D.4 份

3. 投标文件应由投标人的法定代表人或其委托代理人签字或盖单位章。委托代理人签字的,投标文件应附法定代表人签署(   )。

A. 意见书　　　B. 法定委托书　　　C. 指定委托书　　　D. 授权委托书

4. 直接费是指施工过程中耗费构成工程实体和有助于工程形成的各项费用,包括人工费、材料费和(   )。

A. 临时设施费

B. 现场管理费

C. 施工机械租赁费

D. 施工机械使用费

5. 下列不属于施工投标文件的内容有(   )。

A. 投标函

B. 投标报价

C. 拟签订合同的主要条款

D. 施工方案

6. 甲、乙两个工程承包单位组成施工联合体投标,参与竞标某房地产开发商的住宅工程,下列说法错误的是(   )。

A. 甲、乙两个单位以一个投标身份参与投标

B. 如果中标,甲和乙两个单位应就中标项目向该房地产开发商承担连带责任

C. 如果中标,甲和乙两个单位应就各自承担部分与该房地产开发商签订合同

D. 如果在履行合同中乙单位破产,则甲单位应当承担原由乙单位承担的工程任务

7. 甲和乙两个工程承包单位组成施工联合体投标,甲单位为施工总承包一级资质,乙单位为二级资质,则该施工联合体应按(   )资质确定等级。

A. 一级　　　　　　B. 二级　　　　　　C. 三级　　　　　　D. 特级

9. 关于联合体各方在中标后承担的连带责任,下列说法错误的是(　　)。

A. 联合体在接到中标通知书未与招标人签订合同前放弃中标项目的,其已提交的投标保证金应予以退还

B. 联合体在接到中标通知书未与招标人签订合同前,除不可抗力外,联合体放弃中标项目的,其已提交的投标保证金不予退还

C. 联合体在接到中标通知书未与招标人签订合同前,除不可抗力外,联合体放弃中标项目的,给招标人造成的损失超过投标保证金数额的,应当对超过部分承担连带赔偿责任

D. 中标的联合体除不可抗力外,不履行与招标人签订的合同时,履约保证金不予退还

10. 投标人现场考察后,以书面形式提出质疑,招标人给予了书面解答。当解答与招标文件的规定不一致时,(　　)。

A. 投标人应要求招标人继续解释　　　B. 以书面解答为准

C. 以招标文件为准　　　D. 由人民法院判定

11. 投标文件对招标文件的响应出现偏差,可以要求投标人在评标结束前予以澄清或补正的情况是(　　)。

A. 投标文件没有加盖公章

B. 投标文件中的大写金额与小写金额不一致

C. 投标担保金额多于招标文件的规定

D. 投标文件的关键内容字迹模糊,无法辨认

12. 投标有效期设置应合理,如果投标有效期过短,则造成的后果是(　　)。

A. 招标人在投标有效期内可能无法完成招标工作

B. 降低了招标人的风险

C. 加大了投标人的风险

D. 投标人可能无法完成投标文件的编制工作

13. 在投标报价程序中,在调查研究,收集信息资料后,应当(　　)。

A. 对是否参加投标做出决定　　　B. 确定投标方案

C. 办理资格审查　　　D. 进行投标计价

14. 投标单位有以下(　　)行为时,招标单位可视其为严重违约行为而没收投标保证金。

A. 通过资格预审后不投标　　　B. 不参加开标会议

C. 中标后拒绝签订合同　　　D. 不参加现场考察

15. 投标有效期应当自(　　)的时间开始计算。

A. 投标人提交投标文件　　　B. 招标人收到投标文件

C. 招标文件规定的开标　　　D. 中标通知书发出

二、多选题

1. 现场踏勘是指招标人组织投标人对项目的实施现场(　　)等客观条件和环境进行的现场调查。

A. 银行   B. 地质   C. 气候   D. 地理   E. 税务

2. 按编制工程预算方法编制投标报价,主要由(   )和风险费等几部分组成。

A. 直接工程费   B. 间接费   C. 计划利润   D. 税金

3. 采用工程量清单报价编制投标报价,主要由(   )利润和税金等几部分构成。

A. 分部分项工程费   B. 措施项目费

C. 直接费   D. 其他项目费

E. 规费

4. 下列内容是投标文件的,包括(   )。

A. 施工组织设计   B. 投标函及投标函附录

C. 缴税证明   D. 固定资产证明

E. 投标保证金或保函

三、简答题

1. 什么是不平衡报价法?如何应用不平衡报价法?

2. 论述常用的投标报价技巧。

3. 简述建设工程投标程序。

4. 简述工程项目投标文件包括的内容。

5. 投标前需要做哪些准备工作?

四、案例分析题

1. 某承包商经研究决定参与某工程投标。经造价师估价,该工程估算成本为 1500 元,其中材料费占 60%。拟议高、中、低三个报价方案的利润率分别为 10%、7%、4%。根据过去类似工程的投标经验,相应的中标概率分别为 0.3、0.6、0.9。编制投标文件费用为 5 万元。该工程业主在招标文件中明确规定采用固定总价合同。据估计,在施工过程中材料费可能平均上涨 3%,其发生概率为 0.4。试利用决策树的方法决定选择哪种报价方案。

2. 政府投资的某工程,该工程采用无标底公开招标方式选定施工单位。工程实施中发生了下列事件。

事件 1:工程招标时,A、B、C、D、E、F、G 共 7 家投标单位通过资格预审,并在投标截止时间前提交了投标文件。评标时,发现 A 投标单位的投标文件虽加盖了公章,但没有投标单位法定代表人的签字,只有法定代表人授权书中被授权人的签字(招标文件中对是否可由被授权人签字没有具体规定);B 投标单位的投标报价明显高于其他投标单位的投标报价,其原因是施工工艺落后;C 投标单位以招标文件规定的工期 380 天作为投标工期,但在投标文件中明确表示如果中标,合同工期按定额工期 400 天签订;D 投标单位投标文件中的总价金额汇总有误。

事件 2:评标委员会由 5 人组成,其中当地建设行政管理部门的招投标管理办公室主任 1 人,建设单位代表 1 人,政府提供的专家库中抽取的技术经济专家 3 人。

事件 3:经评标委员会评审,推荐 G、F、E 投标单位为前 3 名中标候选人。在中标通知书发出前,建设单位要求监理单位分别找 G、F、E 投标单位重新报价,以价格低者为中标单位,按原投标报价签订施工合同后,建设单位与中标单位再以新报价签订协议书作为实际履行合同的依据。监理单位认为建设单位的要求不妥,并提出了不同意见,建设单位最终接受了监理单位的意见,确定 G 投标单位为中标单位。

事件 4:在中标通知书发出后第 45 天,与 G 投标单位签订了合同。

事件 5:开工前,总监理工程师组织召开了第一次工地会议,并要求 G 单位及时办理施工许可证,确定工程水准点、坐标控制点,按政府有关规定及时办理施工噪声和环境保护等相关手续。

(1)分别指出事件 1 中 A、B、C、D 投标单位的投标文件是否有效,说明理由。

(2)事件 2 中,指出评标委员会组成的不妥之处,说明理由,并写出正确做法。

(3)事件 3 中,建设单位的要求违反了招标投标有关法规的哪些具体规定?

(4)指出事件 4 中的不妥之处,并说明理由。

(5)指出事件 5 中的不妥之处,并说明正确做法。

第四章 建设工程开标、评标和中标

【学习要点】

了解建设工程施工开标、评标与定标的概念;熟悉建设工程施工开标、评标与定标的程序;掌握评标的基本方法,并能理论联系实际,进行案例分析,解决实际问题。

【引例】

某大型工程,由于技术难度大,对施工单位的施工设备和同类工程施工经验要求高,而且对工期的要求也比较紧迫。业主在对有关单位和在建工程考察的基础上,仅邀请了A、B、C三家国有一级企业参加投标,并预先与咨询单位和该三家施工单位共同研究确定了施工方案。业主要求投标单位将技术标和商务标分别装订报送。经招标领导小组研究确定的评标规定如下:

1. 技术标共30分,其中施工方案10分(因已确定施工方案,各投标单位均得10分),施工工期10分,工程质量10分。满足业主总工期要求(36个月)者得4分,每提前一个月加1分,不满足者不得分;自报工程质量合格者得4分,自报工程质量优良者得6分(若实际工程质量未达到优良将加罚合同价的2%),近三年内获得鲁班工程奖每项加2分,获得省优工程奖每项加1分。

2. 商务标共70分。报价不超过标底(35500万元)的±5%者为有效标,超过者为废标。报价为标底的98%者得满分(70分),在此基础上,报价比标底每下降1%,扣1分,每上升1%扣2分。

各投标单位的有关情况见表4-1所列。

表4-1 各投标单位的基本情况

投标单位	报价/万元	总工期/月	自报工程质量	鲁班工程奖	省优工程奖
A	35642	33	优良	1	1
B	34364	31	优良	0	2
C	33867	32	合格	0	1

问题:

1. 投标完成后,开标、评标、定标通过什么程序来确定中标单位?

2. 该工程采用邀请招标方式且仅仅邀请三家施工单位投标,是否违反有关规定?

3. 请按综合得分最高者中标的原则确定中标单位。

在本章中,我们将针对上面的例子来学习建设工程施工开标、评标与定标的概念,建设工程施工开标、评标与定标的程序,评标的基本方法等有关内容。

进行工程建设招标的目的是选择中标人进而与之订立建设工程合同。开标、评标是选择中标人、保证招标成功的重要环节。开标实质上就是把所有投标人递交的投标文件启封揭晓。评标,就是对投标人编制和递交的投标文件进行分析比较,判断优劣,提出确定中标人的意见和建议。中标,也称决标、定标。在评标基础上,根据评标的意见,择优确定中标人。

第一节 建设工程开标

开标,即在招标投保活动中,由招标人主持,在招标文件预先载明的开标时间和开标地点,邀请所有投标人参加,公开宣布全部投标人的名称、投标价格及投标文件中其他主要内容,使招标投标当事人了解各个投标的关键信息,并将相关情况记录在案。开标是招标投标活动中"公开"原则的重要体现。

一、开标准备工作

开标准备工作包括两个方面:

1. 接受投标文件

招标人应当在招标文件指定地点接受投标人递交的投标文件(包括投标保证金),详细记录投标文件送达人、送达时间、份数、包装密封等查验情况,经投标人确认后,出具投标文件和投标保证金的接收凭证。投标文件有下列情形之一的,招标人应当拒收:①逾期送达;②未按招标文件要求密封。

在投标截止时间后递交的投标文件,招标人应当拒绝接受。至投标截止时间提交投标文件的投标人少于3家的,不得开标,招标人应当将接受的投标文件退回投标人,并依法重新组织招标。

2. 开标现场及资料

招标人应保证受理的投标文件不丢失,并组织工作人员将投标截止时间前受理的投标文件运送到开标地点。招标人应准备好开标必备的现场条件。

二、开标程序

开标由招标人主持,负责开标过程的相关事宜,包括对开标全过程做会议记录。开标的主要程序如下:

1. 宣布开标纪律

主持人宣布开标纪律,对参与开标会议的人员提出会场要求,主要是开标过程中不得喧哗;通信工具调整到静音状态;按约定的方式提问等。任何人不得干扰正常的开标程序。

2. 确认投标人代表身份

招标人可以按照招标文件的约定,当场校验参加开标会议的投标人授权代表的授权委托书和有效身份证件,确认授权代表的有效性,并留存授权委托书和身份证件的复印件。

3. 公布在投标截止日前接受收标文件的情况

公布投标截止时间前递交投标文件的投标人名称、递交投标文件的时间等。

4. 宣布有关人员姓名

介绍招标人代表、招标代理机构代表、监督人代表或公证人员等,依次宣布开标人、唱标人、记录人等有关人员姓名。

5. 检查标书的密封情况

检查标书密封情况必须由投标人执行,如有公证机关与会,也可以由公证机关对密封情况进行检查。

6. 宣布投标文件开标顺序

主持人宣布开标顺序。如招标文件未约定开标顺序的,一般按照投标文件递交的顺序或倒序进行。

7. 唱标

按照宣布的开标顺序当众开标。唱标人应按照招标文件约定的唱标内容,严格依据投标函(或包括投标函附录,货物、服务投标一览表)唱标,并做好唱标记录。唱标内容一般包括投标函及投标函附录中的报价、备选方案报价、工期、质量目标、投标保证金等。招标人设有标底的,应公布标底。

8. 开标记录签字

开标会议应当做好书面记录,如实记录开标会的全部内容,包括开标时间、地点、程序,出席开标会议的单位和代表,开标程序,唱标记录,公证机构和公证结果等。

9. 开标结束

完成开标会议全部程序和内容后,主持人宣布开标会议结束。

三、开标应注意的问题

1. 开标参与人

《招标投标法》第三十五条规定:"开标由招标人主持,邀请所有投标人参加。"开标参与人需注意下列问题:

(1)开标由招标人主持,也可以委托招标代理机构主持。

(2)根据项目的不同情况,招标人可以邀请除投标人以外的其他方面相关人员参加开标,如公正机关、行政监督部门等。

2. 开标的时间和地点

《招标投标法》第三十四条规定:"开标应当在招标文件确定的提交投标文件截止时间的同一时间公开进行;开标地点应为招标文件预先确定的地点。"

开标时间和提交投标文件截止时间应为同一时间,应具体到某年某月某日的几时几分,并在招标文件中明示。开标地点可以是建设工程交易中心或指定的其他地点。如果招标人要修改开标时间和地点,应以书面形式通知所有招标文件的收受人。

四、无效投标文件的认定

在开标时,如果投标文件出现下列情形之一,应当场宣布为无效投标文件,不再进入评标：

(1)投标文件未按照招标文件的要求予以标志、密封、盖章。合格的密封标书,应将标书装入公文袋内,除袋口粘贴外,在缝口处用白纸条贴封并加盖骑缝章。

(2)投标文件中的投标函未加盖投标人的企业及企业法定代表人印章,或者企业法定代表人委托代理人没有合法、有效的委托书(原件)及委托代理人印章。

(3)投标文件未按照招标文件规定的格式、内容和要求填报,投标文件的关键内容字迹模糊、无法辨认。

(4)投标人在投标文件中对同一招标项目报有两个或多个报价,且未书面声明以哪个报价为准。

(5)投标人未按照招标文件的要求提供投标保证金或者投标保函。

(6)组成联合体投标的,投标文件未附联合体各方共同投标协议。

(7)投标人与通过资格审查的投标申请人在名称和法人地位上发生实质性改变。

(8)投标人未按照招标文件的要求参加开标会议。

第二节　评标的工作要求

所谓评标,就是依据招标文件的规定和要求,对投标文件所进行的审查、评审和比较。评标是审查确定中标人的必经程序,是保证招标成功的重要环节。评标工作由开标前确定的评标小组或评标委员会负责,对各投标人进行综合评价,为择优确定中标人提供依据。

一、评标委员会

1. 组建评标委员会

为确保评标的公正性,评标不能由招标人或其委托的代理机构独自承担,应依法组成一个评标委员会。评标委员会由招标人依法组建。评标委员会由招标人或其委托的招标代理机构熟悉相关业务的代表以及有关技术、经济等方面的专家组成,成员人数为 5 人以上单数,其中技术、经济等方面的专家不得少于成员总数的 2/3。评标委员会设负责人的,负责人由评标委员会成员推举产生或由招标人确定,评标委员会的负责人与评标委员会的其他成员有同等的表决权。

评标委员会的专家成员应当从省级以上人民政府有关部门提供的专家名册或者招标代理机构专家库内的相关专家名单中确定。确定评标专家,一般招标项目可以采取随机抽取方式,技术特别复杂、专业性要求特别高或者国家有特殊要求的招标项目,采取随机抽取方式确定的专家难以胜任的,可以由招标人直接确定。评标委员会成员名单在开标前确定,在中标结果确定前应当保密。

2. 评标委员会成员条件

评标委员会成员应符合以下条件。

(1)从事相关专业领域工作满 8 年,并具有高级职称或者具有同等专业水平的工程技术、经济管理人员,并实行动态管理。

(2)熟悉有关招标投标的法律法规,并具有与招标项目相关的实践经验。

(3)能够认真、公正、诚实、廉洁地履行职责。

(4)有下列情形之一的人员,应当主动提出回避,不得担任评标委员会成员:

① 投标人主要负责人的近亲属。

② 项目主管部门或者行政监督部门的人员。

③ 与投标人有经济利益关系,可能影响投标公正评审的。

④ 曾因在招标投标有关活动中从事违法行为而受到行政处罚或刑事处罚的。

3. 对评标委员会的要求

对评标委员会的要求如下。

(1)评标委员会成员应当客观、公正地履行职责,遵守职业道德,对所提出的评审意见承担个人责任。

(2)评标委员会成员不得私下接触投标人或者与投标结果有利害关系的人,不得收受投标人的财物或者其他好处。

(3)评标委员会成员不得透露与评标有关的情况。

(4)评标委员会可以要求投标人对投标文件中含义不明确的内容做必要的澄清或说明,但是澄清或说明不得超出投标文件的范围或改变投标文件的实质性内容。

(5)评标委员会应当按照招标文件确定的评标标准和方法,对投标文件进行评审和比较;设有标底的,应当参考标底。

(6)评标委员会完成评标后,应当向招标人提出书面评标报告,并推荐合格的按名次排列的中标候选人1~3人(且要排列先后顺序),也可以按照招标人的委托,直接确定中标人。

(7)评标委员会应接受依法实施的监督。

开标会结束后,投标人退出会场,开始评标。评标的一般程序如下。

二、评标的程序

1. 评标的准备

关于评标应做好以下准备工作。

(1)评标委员会成员在正式对投标文件进行评审前,应当认真研究招标文件,应熟悉以下内容。

① 招标的目标。

② 招标项目的范围和性质。

③ 招标文件中规定的主要技术要求、标限和商务条款。

④ 招标文件规定的评标标准、评标方法和在评标过程中考虑的相关因素。

(2)编制供评标使用的各种表格资料。

2. 初步评审

初步评审主要包括以下内容。

(1)投标文件的符合性鉴定

所谓符合性鉴定是检查投标文件是否实质上响应招标文件的要求。实质上响应的含义是其投标文件应该与招标文件的所有条款、条件规定相符,无显著差异或保留。

符合性鉴定一般包括下列内容。

1)投标文件的有效性

① 投标人以及联合体形式投标的所有成员是否已通过资格预审,获得投标资格。

② 审查投标单位是否与资格预审名单一致,递交的投标保函的金额和有效期是否符合招标文件的规定。如果以标底衡量有效性,审查投标报价是否在规定的范围内。

③ 投标文件中是否提交了投标人的法人资格证书及企业法定代表人的授权委托证书;如果是联合体,是否提交了合格的联合体共同投标协议书以及投标负责人的授权委托证书。

④ 投标保证的格式、内容、金额、有效期、开具单位是否符合招标文件要求。

⑤ 投标文件是否按规定进行了有效的签署。

2)投标文件的完整性

投标文件中是否包括招标文件规定应递交的全部文件,如工程量清单、报价汇总表、施工进度计划、施工方案、施工人员和施工机械设备的配备等,以及应该提供的必要的支持文件和资料。

3)与招标文件的一致性

① 招标文件中要求投标人填写的空白栏目是否全都填写或做出明确的回答。

② 对于招标文件的任何条款、数据或说明是否有任何修改、保留和附加条件。

通常符合性鉴定是评标的第一步,如果投标文件实质上不响应招标文件的要求,将被列为废标予以拒绝,并不允许投标人通过修正或撤销其不符合要求的差异或保留,使之成为具有响应性的投标。

(2)技术评估

技术评估的目的是确认和比较投标人完成本工程的技术能力,以及他们的施工方案的可靠性。技术评估的主要内容如下。

① 施工方案的可行性

对各分部分项工程的施工方法、施工人员和施工机械设备的配备、施工现场的布置和临时设施的安排、施工顺序及其相互衔接等方面进行评审,特别是对该项目的关键工序的施工方法进行可行性论证,应审查其技术的最难点或先进性和可靠性。

② 施工进度计划的可靠性

审查施工进度计划是否满足对竣工时间的要求,并且是否科学合理、切实可行,同时还要审查保证施工进度计划的措施,例如施工机具、劳务的安排是否合理和可行等。

③ 施工质量保证

审查投标文件中提出的质量控制和管理措施,包括质量管理人员的配备、质量检验仪器的配置和质量管理制度。

④ 工程材料和机器设备供应的技术性能

审查投标文件中主要材料和设备的样本、型号、规格和制造厂家名称、地址等,判断其技术性能是否达到设计标准。

⑤ 分包商的技术能力和施工经验

如果投标人拟在中标后将中标项目的部分工作分包给他人完成,应当在投标文件中载明。应审查拟分包的工作必须是非主体、非关键性工作;审查分包人应当具备相应的资格条件,以及完成相应工作的能力和经验。

⑥ 建议方案的技术评审

对于投标文件中按照招标文件规定提交的建议方案做出技术评审。如果招标文件中规定可以提交建议方案,则应对投标文件中的建议方案的技术可靠性与优缺点进行评估,并与原招标方案进行对比分析。

（3）商务评估

商务评估的目的是从工程成本、财务和经验分析等方面评审投标报价的准确性、合理性、经济效益和风险等,比较定标给不同的投标人产生的不同后果。商务评估在整个评标工作中通常占有重要地位。商务评估的主要内容如下。

①审查全部报价数据计算的正确性。通过对投标报价数据进行全面审核,看其是否有计算上或累计上的错误,如果有应按"投标人须知"中的规定改正和处理。

②分析报价构成的合理性。通过分析工程报价中直接费、间接费、利润和其他采用价的比例关系,主体工程各专业工程价格的比例关系等,判断报价是否合理。注意审查工程量清单中的单价有无脱离实际的"不平衡报价"、计日工劳务和机械台班（时）报价是否合理等。

③对建议方案进行商务评估（如果有的话）。

（4）响应性审查

评标委员会应当对投标书的技术评估部分和商务评估部分做进一步的审查,审查投标文件是否响应了招标文件的实质性要求和条件,并逐项列出投标文件的全部投标偏差。投标文件对招标文件实质性要求和条件响应的偏差分为重大偏差和细微偏差两类。

1)重大偏差的投标文件是指未对招标文件做实质性响应,包括以下情形:

① 没有按照招标文件要求提供投标担保或提供的投标担保有瑕疵。

② 没有按照招标文件要求由投标人授权代表签字并加盖公章。

③ 投标文件记载的招标项目完成期限超过招标文件规定的完成期限。

④ 明显不符合技术规格、技术标准的要求。

⑤ 投标文件记载的货物包装方式、检验标准和方法等不符合招标文件的要求。

⑥ 投标附有招标人不能接受的条件。

⑦ 不符合招标文件中规定的其他实质性要求。

所有存在重大偏差的投标文件都属于初评阶段应淘汰的投标。

2)细微偏差的投标文件是指投标文件基本上符合招标文件要求,但在个别地方存在漏项或者提供了不完整的技术信息和数据等,并且补正这些遗漏或者不完整不会对其他投标人造成不公平的结果。对招标文件的响应存在细微偏差的投标文件仍属于有效投标书。

属于存在细微偏差的投标书,可以书面要求投标人在评标结束前予以澄清、说明或者补正。

（5）投标文件澄清说明

在必要时,为了有助于投标文件的审查、评价和比较,评标委员会可以约见投标人,对其投标文件予以澄清或补正,以口头或书面提出问题,要求投标人回答,随后在规定的时间内,投标人以书面形式正式答复。

1)需要澄清或补正的内容如下:

① 投标文件中含义不明确、对同类问题表述不一致或者有明显文字和计算错误的内容。

② 可以要求投标人补充报送某些标价计算的细节资料。

③ 对其具有某些特点的施工方案做出进一步的解释。

④ 补充说明其施工能力和经验,或对其提出的建议方案做出详细的说明。

2)澄清或补正问题时应注意以下原则:

① 澄清或补正问题的文件不允许变更投标价格或对原投标文件进行实质性修改。

② 澄清和确认的问题必须由授权代表正式签字,并声明将其作为投标文件的组成部分。投标人拒不按照要求对投标文件进行澄清或补正的,招标人将否决其投标,并没收其投标保证金。

(6)投标人废标的认定

废标包括如下情形:

① 弄虚作假,以他人名义投标、串通投标、行贿谋取中标等其他方式投标的,该投标人的投标应做废标处理。

② 投标人以低于成本报价竞标。当投标人的投标报价有可能低于成本的,应当要求该投标人书面说明,提供相关证明材料。投标人不能合理说明或者不能提供相关证明材料的,评标委员会认定该投标人的投标做废标处理。但评标委员会一定要慎重,不能把投标报价低于标底就确认为恶意低价竞标。

③ 投标人不具备资格条件或不符合国家有关规定和招标要求的、拒不按照要求对投标文件进行澄清说明或补正的,评标委员会可以否决其投标。

④ 未能实质上响应招标文件的投标,投标文件与招标文件有重大偏差,应做废标处理。

(7)有效投标不足三家的处理

《评标委员会和评标方法暂行规定》规定,如果否决不合格投标者后,因有效投标不足三个,使得投标明显缺乏竞争的,评标委员会可以否决全部投标。招标人应当依法重新招标。

3. **详细审标**

经初步评审合格的投标文件,评标委员会应当根据招标文件确定的评标标准和方法,对其技术部分和商务部分做进一步的评审、比较,推荐出合格的中标候选人或在招标人授权的情况下直接确定中标人。

4. **编写评标报告**

评标报告是评标阶段的结论性报告,主要包括以下内容。

(1)招标情况

① 工期说明,应包括工程概况和招标范围等。

② 招标过程,应包括资金来源及性质、招标方式;招标文件报招标管理机构的时间及招标管理机构的批准时间;发布招标公告的时间;发售招标文件的情况,现场勘察和标前

会议情况;投标截止日期前提交投标文件的情况;投标文件修改情况。

(2)开标情况

① 开标时间及地点、参加开标会议的单位及人员情况。

② 唱标情况。

(3)评标情况

① 评标委员会的组成人员名单。

② 评标依据。

③ 评审情况。

(4)推荐意见

根据评审情况,评标委员会应出具推荐意见。

(5)附件

附件应包括评标委员会组成人员名单;投标人资格审查情况表;投标文件符合性鉴定表;投标报价评比打分表;投标文件澄清说明等。

第三节　中　　标

一、中标的基本概念

1. 中标

中标又称决标或定标,指招标人根据评标委员会的评标报告,在推荐的中标候选人(一般为 1～3 个)中最后确定中标人;在某些情况下,招标人也可以直接授权评标委员会直接确定中标人。

2. 评标中标期限

又称投标有效期,指从投标截止之日起到公布中标之日为止的一段时间。有效期的长短根据工程的大小、繁简而定。按照国际惯例,一般为 90～120 天。我国在施工招标管理办法中规定为 30 天,特殊情况可适当延长。投标有效期应当在招标文件中载明。投标有效期要保证评标委员会和招标人有足够的时间对全部投标进行比较和评价。

二、中标的条件

《招标投标法》规定:"中标人的投标应符合下列条件之一:(一)能够最大限度地满足招标文件中规定的各项综合评价标准;(二)能够满足招标文件的实质性要求,并且经评审的投标价格最低;但是投标价格低于成本的除外。"由此可以看出中标的条件有两种,即获得最佳综合评价的投标中标、最低投标价格中标。

1. 获得最佳综合评价的投标中标

所谓综合评价,就是按照价格标准和非价格标准对投标文件进行总体评估和比较。采用这种综合评标法时,一般将价格以外的有关因素折成货币或给予相应的加权计算,以确定最低评标价(也称估值最低的投标)或最佳的投标。被评为最低评标价或最佳的投标,即可认定为该投标获得最佳综合评价。所以,投标价格最低的不一定中标。

2. 最低投标价格中标

所谓最低投标价格中标，就是投标报价最低者中标，但前提条件是该投标符合招标文件的实质性要求。如果投标文件不符合招标文件的要求而被招标人所拒绝，则投标价格再低，也不在考虑之列。本方法适用于具有通用技术、性能标准或者招标人对其技术、性能没有特殊要求的招标项目。

在采用这种条件选择中标人时，必须注意的是，投标价不得低于成本。这里所指的成本，是招标人和投标人自己的个别成本，而不是社会平均成本。由于投标人技术和管理等方面的原因，其个别成本有可能低于社会平均成本，则意味着投标人取得合同后，可能为了节省开支而想方设法偷工减料、粗制滥造，给招标人造成不可挽回的损失。如果投标人以排挤其他竞争对手为目的，而以低于个别成本的价格投标，则构成低价倾销的不正当竞争行为，违反《中华人民共和国价格法》的有关规定。因此，投标人投标价格低于个别成本，不得中标。

一般情况下，招标人采购简单商品、半成品、设备、原材料，以及其他性能、质量相同或容易进行比较的货物时，价格可以作为评标时考虑的唯一因素，这种情况下，最低投标价中标的评标方法就可以作为选择中标人的尺度。因此，在这种情况下，合同一般授予投标价格最低的投标人。但是，如果是较复杂的项目，或者招标人招标主要考虑的不是价格而是投标人的个人技术和专门知识及能力，那么，最低投标价中标的原则就难以使用，而必须采用综合评价方法，评选出最佳的投标，这样招标人的目的才能实现。

【特别提示】

2017 年 8 月 29 日，发改委印发关于《关于修改〈招标投标法〉〈招标投标法实施条例〉的决定(征求意见稿)》(下文简称《决定》)公开征求意见的公告，《决定》对《招标投标法》和《招标投标法实施条例》进行了修改。在《招标投标法》原文"中标人的投标应当符合下列条件之一：(一)能够最大限度地满足招标文件中规定的各项综合评价标准；(二)能够满足招标文件的实质性要求，并且经评审的投标价格最低；但是投标价格低于成本的除外。"后增设一款"前款第二项中标条件适用于具有通用技术、性能标准或者招标人对其技术、性能没有特殊要求的招标项目。"

编者注：有专家指出，此举是对"经评审的最低投标价法"之滥用的改正，有利于遏制不合理的最低价中标现象。

三、中标的基本过程

1. 确定中标人

评标委员会按评标方法对投标书进行评审后，提出评标报告，推荐中标候选人(一般为1~3个)，并表明排列顺序。招标人应当接受评标委员会推荐的中标候选人，最后由招标人确定中标人，不得在评标委员会推荐的中标人之外确定中标人；在某些情况下，招标人也可以直接授权评标委员会直接确定中标人。评标委员会提出书面评标报告后，招标人一般应当在 15 日内确定中标人，但最迟应当在投标有效期结束日 30 个工作日前确定。中标人确定后，由招标人向中标人发出中标通知书，并同时将中标结果通知所有未中标的投标人(即发出未中标通知书)；要求中标人在规定期限内(中标通知书发出 30 天内)签订合同,招标人与中标人签订合同后5个工作日内,应向未中标的投标人退还投标保证金。另外招标人还要在发出中标通知书之日起15日内向招标投标管理机构提交书面报告备案,至此招标即告圆满成功。

【特别提示】

《招标投标法实施条例》主要修改内容有:在第五十五条中,新增下述规定。招标人根据评标委员会提出的书面评标报告和推荐的中标候选人确定中标人。招标人也可以授权评标委员会直接确定中标人,或者在招标文件中规定排名第一的中标候选人为中标人,并明确排名第一的中标候选人不能作为中标人的情形和相关处理规则。依法必须进行招标的项目,招标人根据评标委员会提出的书面评标报告和推荐的中标候选人自行确定中标人的,应当在向有关行政监督部门提交的招标投标情况书面报告中,说明其确定中标人的理由。

编者注:修改前的条例是"招标人应当确定排名第一的中标候选人为中标人"。修改后,中标人的确定除排名第一的中标候选人之外,也可以由招标人通过授权评标委员会直接确定。

中标通知书参考格式见范本4-1。

范本4-1 中标通知书

中标通知书

_____(中标单位名称):

_____(建设单位名称)的_____(建设地点)_____工程,结构类型为_____,建设规模为_____,经_____年___月___日公开开标后,经评标小组评定并报招标管理机构核准,确定_____为中标单位,中标标价人民币_____元,中标工期自_____年___月___日开工,_____年___月___日竣工,工期_____天。

工程质量达到国家施工验收规范(优良、合格)标准。

中标单位收到中标通知书后,在_____年___月___日前到_____(地点)与建设单位商定合同。

建设单位:(盖章)

法定代表人:(签字、盖章)

日期:_____年___月___日

招标单位:(盖章)

法定代表人:(签字、盖章)

日期:_____年___月___日

招标管理机构:(盖章)

审核人:(签字、盖章)

审核日期:_____年___月___日

2. 投标人提出异议

招标人全部或部分使用非中标单位投标文件中的技术成果和技术方案时,需要征得其书面同意,并给予一定的经济补偿。

如果投标人在中标结果确定后对中标结果有异议,甚至认为自己的权益受到了招标人的侵害,有权向招标人提出异议,如果异议不被接受,还可以向国家有关行政监督部门提出申诉,或者直接向人民法院提出诉讼。

四、中标通知书

1. 中标通知书的性质

中标人确定后,招标人应迅速将中标结果通知中标人及所有未中标的投标人。我国招标投标管理办法规定为 7 日内发出通知,有的国家和地区规定为 10 日。

投标人提交的投标属于一种要约,招标人的中标通知书则为对投标人要约的承诺。

2. 中标通知书的法律效力

中标通知书作为招标投标规定的承诺行为,与合同法规定的一般性的承诺不同,它的生效不能采用"到达主义",而应采取"发信主义",即中标通知书发出时生效,对中标人和招标人产生约束力。理由是,按照"到达主义"的要求,即使中标通知书及时发出,也可能在传递过程中并非因招标人的过错而出现延误、丢失或错投,致使中标人未能在有效期内收到该通知,招标人则丧失了对中标人的约束权。而按照"发信主义"的要求,招标人的上述权利可以得到保护。

《招标投标法》规定,中标通知书发出后,招标人改变中标结果的,或者中标人放弃中标项目的,应当依法承担法律责任。《合同法》规定,承诺生效时合同成立。因此中标通知书发出时,即发生承诺生效、合同成立的法律效力。招标人改变中标结果,变更中标人,实质上是一种单方面撕毁合同的行为;投标人放弃中标项目的,则是一种拒绝履行合同的行为。两种行为都属于违约行为,所以应当承担违约责任。

五、中标无效

1. 中标无效的含义

所谓中标无效,就是招标人确定的中标失去了法律约束力。也就是说依照违法行为获得中标的投标人丧失了与招标人签订合同的资格,招标人不再负有与中标人签订合同的义务;在已经与招标人签订了合同的情况下,所签合同无效。中标无效为自始无效。

2. 导致中标无效的情况

《招标投标法》规定中标无效主要有以下六种情况:

(1)招标代理机构违反本法规定,泄露应当保密的与招标投标活动有关的情况和资料,或者与招标人、投标人串通损害国家利益、社会公共利益或者他人合法权益的行为影响中标结果的,中标无效。

(2)招标人向他人透漏已获取招标文件的潜在投标人的名称、数量或者可能影响公平竞争的有关招标投标的其他情况,或者泄露标底的行为影响中标结果的,中标无效。

(3)投标人相互串通投标,投标人与招标人串通投标的,投标人以向招标人或者评标委员会行贿的手段谋取中标的,中标无效。

(4)投标人以他人名义投标或者以其他方式弄虚作假,骗取中标的,中标无效。以他人名义投标,指投标人挂靠其他施工单位,或从其他单位通过转让或租借的方式获取资格或资质证书,或者由其他单位及法定代表人在自己编制的投标文件上加盖印章和签字等行为。

(5)依法必须进行招标的项目,招标人违反本法规定,与投标人就投标价格、投标方案等实质性内容进行谈判的行为影响中标结果的,中标无效。

(6)招标人在评标委员会依法推荐的中标候选人以外确定中标人的,依法必须进行招标的项目在所有投标被评标委员会否决后自行确定中标人的,中标无效。

从以上六种情况看,导致中标无效的情况可分为两大类:一类为违法行为直接导致中标无效,如(3)、(4)、(6)的规定;另一类为只有在违法行为影响了中标结果时,中标才无效,如(1)、(2)、(5)的规定。

六、签订合同

1. 合同的签订

招标人和中标人应当自中标通知书发出之日起 30 日内,按照招标文件和中标人的投标文件订立书面合同。招标人和中标人不得再行订立背离合同实质性内容的其他协议,如果投标书内提出了某些非实质性偏离的不同意见而发包人也同意接受时,双方应就这些内容通过谈判达成书面协议。通常的做法是,不改动招标文件中的通用条件和专用条件,将某些条款协商一致后改动的部分在合同协议书附录中予以明确。合同协议书附录经过双方签字后将作为合同的组成部分。

2. 投标保证和履约保证

(1)投标保证金的退还

按照建设法规的规定,若招标人收取投标保证金,应当自合同签订之日起 7 天内,将投标保证金退还给中标人和未中标人。

除不可抗力外,中标人不与招标人签订合同的,招标人可以没收其投标保证金;招标人不与中标人签订合同的,应当向中标人双倍返还投标保证金。给对方造成损失的,依法承担赔偿责任。

(2)提交履约保证

如果招标文件要求中标人提交履约担保,中标人应当提交。履约担保可以采用银行出具的履约保函或招标人可以接受的企业法人提交的履约保证书其中的任何一种形式。若中标人不能按时提供履约保证,可以视为投标人违约,没收其投标保证金,招标人再与下一位中标候选人商签合同。按照建设法规的规定,当招标文件中要求中标人提供履约保证时,招标人也应当向中标人提供工程款支付担保。

第四节 综合案例分析

一、案例分析题1

某国家重点大学新校区位于某市开发区大学产业园区内,建设项目由若干个单体教学楼、办公楼、学生宿舍、综合楼等构成,现拟对于第五综合教学楼实施公开招标。该教学楼建筑面积16000m²,计划投资额4800万元,30%来自财政拨款(已落实),30%来自银行贷款(已经上报建设银行),40%自筹(正在积极筹措之中)。

项目招标由该校新校区建设指挥部委托某招标代理公司实施——该代理公司隶属于开发区建设局,其主要成员由建设局离退休领导或专家构成。项目招标文告在当地相关媒体上公布,并指出"仅接受获得过梅花奖的建设施工企业投标"(梅花奖为本市市政府每年颁发的,用于奖励获得市优工程的建设施工企业的政府奖),且必须具有施工总承包一级以上资质,并同时声明,不论哪一家企业中标,均必须使用本市第一水泥厂的水泥。

本地施工企业A、B、C、D、E、F、G分别前来购买招标文件,并同时按照招标方的要求以现金的方式提交了投标保证金。在购买招标文件的同时,由学校随机指派工程技术或管理人员陪同进行现场踏勘,并口头回答了有关问题。

在投标人须知中明确指出,由于工期比较紧张,相关资料准备不是很完备,尤其是需要由投标人根据图纸自行核算工程量并根据该量实施报价,并采用成本加固定酬金合同。

问题1:根据我国相关法律规定,该项目是否需要招标?是否需要实施公开招标?为什么?

问题2:该项目的招标实施过程有哪些不妥之处?应该如何改正?

问题3:建设项目的合同计价模式的选择依据是什么?本项目合同选择上是否存在问题?应该选择什么合同?

【参考答案】

问题1:该项目需要招标,且需要公开招标。

因为该项目是国家重点大学新校区建设的组成部分,其投资方属于国家事业单位,其资金来源属于"全部或部分使用国有资金或国家融资",同时其投资额度已经超过了必须实施公开招标项目的相关标准。另外,该项目不具备邀请招标以及不需要招标项目的必要条件,因此必须实施公开招标。

问题2:该项目招标实施过程有以下不妥之处,并应做相应的改正。

(1)建设项目资金尚未落实,除财政拨款外,其他资金并未落实——应该在资金来源落实后才能实施招标。

(2)仅接受获得过"梅花奖"的建设施工企业投标,是以不合理的条件排斥潜在的投标人——应该将该限制条件剔除。

(3)必须使用本市第一水泥厂的水泥,属于"限定或者制定特定的专利、商标、品牌、原产地或供应商",违反了以不合理的条件限制、排斥潜在投标人或者投标人的有关规定——应该不做相关限制。

（4）在购买招标文件的同时递交投标保证金，此时购买标书者并不意味着一定会投标，仅是潜在的投标人，不需要投标保证金对其是否投标进行担保——此时不应提交，应该在正式投标时提交。

（5）现场踏勘随时随机组织并口头回答相关的问题——招标文件中应当明确规定现场踏勘的时间和安排，招标人不得组织单个或者部分潜在投标人踏勘项目现场，并且相关问题均应以书面的形式送达所有的潜在的投标人。

二、案例分析题 2

运用经评审的最低投标价法评标。

某国外援助资金建设项目施工招标，该项目是职工住宅楼和普通办公大楼，标段划分甲、乙两个标段。招标文件规定：国内投标人有 7.5% 的评标价优惠；同时投两个标段的投标人给予评标优惠，若甲标段中标，乙标段扣减 4% 作为评标优惠价；合理工期为 24～30 个月，评标工期基准为 24 个月，每增加 1 月在评标价加 0.1 百万元。经资格预审有 A、B、C、D、E 五个投标人的投标文件获得通过，其中 A、B 两投标人同时对甲、乙两个标段进行投标；B、D、E 为国内投标人。投标人的投标情况见表 4-2。

表 4-2　投标人投标情况

投　标　人	报价（百万元）		投标工期（月）	
	甲段	乙段	甲段	乙段
A	10	10	24	24
B	9.7	10.3	26	28
C		9.8		24
D	9.9		25	
E		9.5		30

问题 1：该工程如果仅邀请 3 家施工单位投标，是否合适？为什么？

问题 2：可否按综合评标得分最高者中标的原则确定中标单位？你认为采用什么方式合适并说明理由。

问题 3：若按照经评审的最低投标价法评标，是否可以把质量承诺作为评标的投标价修正因数？为什么？

问题 4：确定两个标段的中标人。

【参考答案】

问题 1：该工程采用的是公开招标的方式，如果仅邀请 3 家施工单位投标不合适。因为根据有关规定，对于技术复杂的工程，允许采用邀请招标方式，邀请参加投标的单位不得少于 3 家，而公开招标的应该适当超过 3 家。

问题 2：不宜按综合评标得分最高者中标的原则确定中标单位，应采用经评审的最低投标价法评标。其一,经评审的最低投标价法评标一般适用于施工招标,需要竞争的是投标人价格,报价是主要的评标内容。其二,因为经评审的最低投标价法评标适用于具有通用技术、性能标准,或者招标人对其技术、性能没有特殊要求的普通招标项目,如一般住宅工程的施工项目。本例中的职工住宅楼和普通办公大楼就属于此类项目。

问题3:可以。因为质量承诺是技术标的内容,可以作为最低投标价法的修正因数。

问题4:评标结果如下(表4-3及表4-4)。

表4-3 甲标段评标结果

投 标 人	报价(百万元)	修 正 因 数		评标价(百万元)
		工期因素(百万元)	本国优惠(百万元)	
A	10		+0.75	10.75
B	9.7	+0.2		9.9
D	9.9	+0.1		10

表4-4 乙标段评标结果

投 标 人	报价(百万元)	修 正 因 数			评标价(百万元)
		工期因素(百万元)	两个标段优惠(百万元)	本国优惠(百万元)	
A	10			+0.75	10.75
B	10.3	+0.4	−0.412		10.288
C	9.8			+0.75	10.535
E	9.5	+0.6			10.1

因此,甲段的中标人应为投标人B,乙段的中标人应为投标人E。

三、案例分析题3

运用综合评估法评标。

某工程由于技术难度大,根据相关规定,业主采用邀请招标的方式邀请了国内3家施工企业参加投标。招标文件规定该项目采用钢筋混凝土框架结构,采用支模现浇施工方案施工。业主要求投标单位将技术标和商务标分别装订报送。评分原则如下:

(1)技术标共40分,其中施工方案10分(因已确定施工方案,故该项投标单位均得10分),施工总工期15分,工程质量15分。满足业主总工期要求(32个月)者得5分,每提前1个月加1分,不满足者不得分;工程质量自报合格者得5分,报优良者得8分(若实际工程质量未达到优良将扣罚合同价的2%),近3年内获得鲁班工程奖者每项加2分,获得省优工程奖者每项加1分。

(2)商务标共60分,报价不超过标底(42354万元)的±5%者为有效标。超过者为废标。报价为标底的98%者为满分60分;报价比标底98%每下降1%扣1分,每上升1%扣2分。各投标标价资料见表4-5。

表 4-5 报价资料

投标单位	报价(万元)	总工期(月)	自报工程质量	鲁班工程奖	省优工程奖
甲	40748	28	优良	2	1
乙	42162	30	优良	1	2
丙	42266	30	优良	1	1

根据上述资料运用综合评标法计算,并选出中标单位。

【参考答案】

(1)计算各投标单位的技术标得分,见表 4-6。

表 4-6 技术标得分

投标单位	施工方案	总工期	工程质量	合计
甲	10	$5+(32-28)\times1=9$	$8+2\times2+1=13$	32
乙	10	$5+(32-30)\times1=7$	$8+2+2+12$	29
丙	10	$5+(32-30)\times1=7$	$8+2+1=11$	28

(2)计算各投标单位的商务标得分,见表 4-7。

表 4-7 商务标得分

投标单位	报价(万元)	报价占标底的比例	扣分	得分
甲	40748	96.2%	2	$60-2=58$
乙	42162	99.5%	3	$60-3=57$
丙	42266	99.8%	4	$60-4=56$

(3)计算各投标单位的综合得分,见表 4-8。

表 4-8 综合得分

投标单位	技术标得分	商务标得分	综合得分
甲	32	58	90
乙	29	57	86
丙	28	56	84

因此,根据综合得分,甲公司为中标单位。

本章小结

本章主要讲述工程开标、评标和定标的组织工作、基本工作程序以及各个阶段的工作要求和方法。开标、评标是定标的关键环节,为了保证评标的公平、公正,我国法律对评标委员会的组建有明确的规定。通过实际案例,对两种评标方法的适用范围和使用方法进行了分析。

复习思考题

一、选择题

1.《评标委员会和评标方法暂行规定》规定,如果否决不合格投标者后,有效投标不足三家的处理办法是(　　)。

A. 招标人应当依法重新招标

B. 招标人继续进行招标

C. 招标人通过商议决定中标单位

D. 招标人不再招标

2. 在投标截止时间前递交投标文件的投标人少于(　　)的,招标无效,开标会即告结束,招标人应当依法重新组织招标。

A. 3 家　　　　　　B. 2 家　　　　　　C. 5 家　　　　　　D. 4 家

3. 招标人和中标人应当自中标通知书发出之日起(　　)日内,按照招标文件和中标人的投标文件订立书面合同。

A. 30　　　　　　B. 15　　　　　　C. 10　　　　　　D. 7

4. 公布中标结果后,未中标的投标人应当在发出中标通知书后的(　　)日内退回招标文件和相关的图样资料,同时招标人应当退回未中标人的投标文件和发放招标文件时收取的押金。

A. 7　　　　　　B. 15　　　　　　C. 10　　　　　　D. 30

5. 评标委员会成员应从事相关专业领域工作满(　　)年,并具有高级职称或者具有同等专业水平的工程技术、经济管理人员,并实行动态管理。

A. 8　　　　　　B. 10　　　　　　C. 5　　　　　　D. 12

6. 根据《招标投标法》的有关规定,下列说法符合开标程序的是(　　)。

A. 开标应当在招标文件确定的提交投标文件截止时间的同一时间公开进行

B. 开标地点由招标人在开标前通知

C. 开标由建设行政主管部门主持,邀请中标人参加

D. 开标由建设行政主管部门主持,邀请所有投标人参加

7. 招标人可以考虑使用备选投标方案的情形是(　　)。

A. 投标人的主选方案是废标

B. 投标人的备选方案经评审的投标价格比主选方案低

C. 中标人的备选投标方案优于其主选方案

D. 排名第二的中标候选人的备选方案优于排名第一的中标候选人

8. 某建设项目采用评标价法评标,其中一位投标人的投标报价为 3000 万元,工期提前获得评标优惠 100 万元,评标时未考虑其他因素,则评标价和合同价分别为(　　)。

A. 2900 万元,3000 万元   B. 2900 万元,2900 万元

C. 3100 万元,3000 万元   D. 3100 万元,2900 万元

9. 在评标过程中,评标委员会对同一投标文件中表述不一致的问题,正确的处理方法是(   )。

A. 投标文件的小写金额和大写金额不一致时,应以小写为准

B. 投标函与投标文件其他部分的金额不一致的,应以投标文件其他部分为准

C. 总价金额与单价金额不一致的,应以总价金额为准

D. 对不同文字文本的投标文件解释发生异议的,以中文文本为准

10. 下列有关建设项目施工招标、投标、评标、定标的表述中,正确的是(   )。

A. 若有评标委员会成员拒绝在评标报告上签字同意的,评标报告无效

B. 使用国家融资的项目,招标人不得授权评标委员会直接确定中标人

C. 招标人和中标人只需按照中标人的投标文件订立书面合同

D. 合同签订后 5 个工作日内,招标人应当退还中标人和未中标人的投标保证金

11. 某工程项目在估算时算得成本是 1000 万元人民币,概算时算得成本是 950 万元人民币,预算时算得成本是 900 万元人民币,投标时某承包商根据自己企业定额算得成本是 800 万元人民币。根据《招标投标法》中规定"投标人不得以低于成本的报价竞标",该承包商投标时报价不得低于(   )。

A. 1000 万元   B. 950 万元   C. 900 万元   D. 800 万元

12. 对于投标文件存在的下列偏差,评标委员会应书面要求投标人在评标结果结束前予以补正的情况是(   )。

A. 未按招标文件规定的格式填写,内容不全的

B. 所提供的投标担保有瑕疵的

C. 投标人名称与资格预审时不一致的

D. 实质上响应招标文件要求但个别地方存在漏项的细微偏差

二、简答题

1. 何谓开标、评标与中标?

2. 简述开标流程。

3. 简述评标委员会的组成及要求。

4. 什么是综合评标法?

5. 简述定标依据。

三、案例分析题

1. 某办公楼的招标人于 2007 年 3 月 20 日向具备承担该项目能力的甲、乙、丙 3 家承包商发出投标邀请书,其中说明,3 月 25 日在该招标人总工程师室领取招标文件,4 月 5 日 14 时为投标截止时间。该 3 家承包商均接受邀请,并按规定时间提交了投标文件。开标时,由招标人检查投标文件的密封情况,确认无误后,由工作人员当众拆封,并宣读了该 3 家承包商的名称、投标价格、工期和其他主要情况。

评标委员会委员由招标人直接确定,共有 4 人,其中招标人代表 2 人,经济专家 1 人,技术专家 1 人。

招标人预先与咨询单位和被邀请的这3家承包商共同研究确定了施工方案。经招标工作小组确定的评标指标及评分方法如下。

(1)报价不超过标底(35500万元)的±5%者为有效标,超过者为废标。报价为标底的98%者得满分,在此基础上,报价比标底每下降1%,扣1分,每上升2%,扣2分。

(2)定额工期为500天,评分方法是:工期提前10%为100分,在此基础上每拖后5天扣2分。

(3)企业信誉和施工经验得分在资格审查时评定。

上述四项评标指标的总权重:投标报价为45%,投标工期为25%,企业信誉和施工经验均为15%。投标报价情况见表4-9。

表4-9 投标报价情况

投标单位	报价(万元)	总工期(天)	企业信誉得分	施工经验
甲	35642	460	95	100
乙	34364	450	95	100
丙	33867	460	100	95

问题:

(1)从所介绍的背景资料来看,该项目的招标过程中有哪些方面不符合《招标投标法》的规定?

(2)请按综合得分最高者中标的原则确定中标单位。

2. 某办公楼的招标人于2000年10月11日向具备承担该项目能力的A、B、C、D、E 5家投标单位发出投标邀请书,其中说明,10月17—18日9—16时在该招标人总工程师室领取招标文件,11月8日14时为投标截止时间。该5家投标单位均接受邀请,并按规定时间提交了投标文件。但投标单位A在送出投标文件后发现报价估算有较严重的失误,遂赶在投标截止时间前10分钟递交了一份书面声明,撤回已提交的投标文件。

开标时,由招标人委托的市公证处人员检查投标文件的密封情况,确认无误后,由工作人员当众拆封。由于投标单位A已撤回投标文件,故招标人宣布有B、C、D、E 4家投标单位投标,并宣读该4家投标单位的投标价格、工期和其他主要内容。

评标委员会委员由招标人直接确定,共由7人组成,其中招标人代表2人,本系统技术专家2人,经济专家1人,外系统技术专家1人、经济专家1人。

在评标过程中,评标委员会要求B、D两投标人分别对其施工方案做详细说明,并对若干技术要点和难点提出问题,要求其提出具体、可靠的实施措施。作为评标委员的招标人代表希望投标单位B再适当考虑一下降低报价的可能性。

按照招标文件中确定的综合评标标准,4个投标人综合得分从高到低的依次顺序为B、D、C、E,故评标委员会确定投标单位B为中标人。由于投标单位B为外地企业,招标人于11月10日将中标通知书以挂号方式寄出,投标单位B于11月14日收到中标通知书。

由于从报价情况来看,4个投标人的报价从低到高的依次顺序为D、C、B、E,因此,从

11月16日至12月11日招标人又与投标单位B就合同价格进行了多次谈判,结果投标单位B将价格降到略低于投标单位C的报价水平,最终双方于12月12日签订了书面合同。

问题:

从所介绍的背景资料来看,在该项目的招标投标程序中哪些方面不符合《招标投标法》的有关规定? 请逐一说明。

第五章　建设工程索赔

本章介绍了索赔的定义、分类、特点、作用和条件；详细阐述了索赔的原因、程序及索赔时使用的各种文件；重点论述了工期索赔、费用索赔的处理与计算方法，并结合实例来分析；最后介绍了反索赔的概念及其处理办法。要求通过本章的学习，使学生了解索赔的概念、分类及特点；熟悉索赔及反索赔的执行程序。

第一节　索赔概述

索赔是一种合法正当的权利要求，是权利人依据合同和法律的规定，向责任人追回不应该由自己承担的损失的合法行为。在合同履行过程中，合同当事人往往由于非自己的原因而发生额外的支出或承担额外的工作，因此索赔是合同管理的重要内容。索赔具体分为广义的索赔和狭义的索赔。

广义的索赔是指工程合同双方向对方提出的索赔，既包括承包商向业主提出的索赔，又包括业主向承包商提出的索赔；而狭义的索赔即为承包商向业主提出的索赔。

一、工程索赔的概念及特征

1. 工程索赔的概念

工程索赔是指在施工合同实施过程中，根据法律及合同规定的要求，合同双方当事人对于并非由于自己的过错，而是应由对方应承担的责任或风险事件造成的损失，争取对方补偿的权利要求。在工程项目建设的各个阶段都有可能发生索赔，但由于施工阶段相对时间较长、牵涉单位较多、施工工艺较为复杂等会造成该阶段索赔现象最为常见。

2. 工程索赔的特征

建设工程索赔作为工程建设项目开发建设过程中常见的现象，经归纳有如下特征：

（1）索赔是双向的

基于合同中当事人双方地位平等的原则，工程合同执行过程中发生的索赔是双向的。但在索赔处理的实践过程中，建设单位向施工单位提出的索赔往往更容易些，其通常直接从向施工单位支付的工程进度款或结算款中扣除，从而达到索赔效果。相应的施工单位向建设单位提出的索赔相对会较难实现，且较为被动。

（2）工程索赔在实际工作中通常指施工单位向建设单位的索赔

尽管工程索赔中施工单位索赔相对较困难，但实际工作中的工程索赔通常指的是施工单位提出的索赔,因为在全生命周期建设过程中,施工单位可索赔范围较为广泛,一般只要是非承包商原因造成的工期延长及成本增加,都有可能向发包单位提出索赔;同时还存在其他索赔现象,如发包单位违反合同条款、未按时交付施工图纸、工程变更、不可抗力的发生等合同中规定的可索赔的情形。

（3）索赔一方必须有损失

施工索赔成功的充分条件是需要有额外的损失,这种损失可以是经济损失也可以是权利损害。经济损失是指因对方因素造成的合同外的额外支出或者合同规定的在索赔条款范围内的额外支出,如人工费、材料费、施工机具使用费、企业管理费等相关费用。权利损害是指虽然没有经济上的损失,但由于一些客观条件造成施工单位的某些权利受到损失,如由于恶劣气候条件对工程进度造成不利影响,承包商有权要求工期延长。

（4）索赔应由对方应承担的风险和责任事件造成,非自身过错

索赔成功的一个关键条件是造成索赔的事件非自身过错造成,而是按照法律法规、合同文件或交易习惯应由对方承担相应的风险和责任。由对方承担的风险不一定对方有过错,如不可抗力的发生、通货膨胀等,这些虽不是对方的过错,但这些风险应由其承担。若因此发生费用可提出索赔。

（5）索赔是一种单方行为

在合同履行过程中,只要符合索赔的条件,一方向另一方索赔即可进行,不必事先征得对方的同意和认可,至于索赔能否成功及索赔值如何则应根据索赔证据及合同事先规定的索赔值计算的相关条款来确定。另一含义即为可索赔事项双方在合同条款内已提前进行商定或者按照工程惯例已经确定,故当发生索赔事件时,不必再次与对方进行商定,即可为索赔搜集材料和证据,开始索赔。

综上所述,索赔是一种正当的权利争取,是法律应允的行为,它是在正确履行合同的基础上争取合理的偿付,不是无中生有,无理据争。索赔本身是市场经济中合作的一部分,只要是符合有关规定的、合法的或者符合有关惯例的,都应该理直气壮地、积极地维护自身的权益。对于一个承包商而言,只有善于索赔,才能更好地维护自身的合法权益。

二、施工索赔原因分析

引起施工索赔的原因很多,归纳起来有工程建设过程的复杂性、业主方面的原因、合同组成和文字方面的原因、国家政策和法律法规的变更等。

1. 工程建设过程的复杂性

工程建设过程涉及面广,综合性强,关联部门多,生产过程复杂。其中任何一个相关因素出现问题,就有可能引起较多的额外损失。

工程建设项目建设周期一般较长,期间可变因素较多,客观可见条件、自然及社会环境任何一个出现问题都可能会造成额外损失。

建设项目质量标准不断发展,节能建筑、绿色建筑层出不穷,越来越多的新技术、新材料、新工艺、新设备用于项目建设中,导致施工难度也不断加大,从而使得工程项目发生索赔的可能性大大增加。

虽然不可抗力的发生频率较小,但其危害往往是巨大的,一旦发生将会给工程双方

造成较大损失,此时施工单位也应及时提出相应的索赔,防止损失进一步扩大。

以上情况如若发生,对于非自身原因造成的损失,都有可能索赔成功。

2. 业主方面的原因

(1)业主违约

主要表现在业主未能按照合同约定时间按时为施工单位提供开工所需要的场地或者未按期支付工程预付款及进度款等情况。

(2)业主指定分包商违约

业主指定分包商包括指定的施工分包商和材料供应商,其未按照合同约定的条款施工、不服从总包单位的管理,或者不按时供应材料设备、供应的材料设备不合格等情况。

(3)工程师原因

监理工程师(业主代表)通常会常驻现场,对于其发布的加快施工进度、完成合同外的工作、更换材料、停工指令等造成的工程质量问题及延期问题。

3. 合同方面的原因

建设工程合同文本通常会出现前后不一致,自相矛盾,内容遗漏、错误,合同条款多重解释等情况,对于以上情况工程师应做出合理解释,由此增加的费用或者延误的工期,施工单位有权向建设单位提出索赔。

4. 其他方面的原因

(1)国家政策、法律法规变更

国家法律法规的变更将会导致原合同签订的法律前提环境发生变化,此时的合同价格必然会受到影响。合同通常规定从投标截止日起的前 28 天开始,如果工程所在地的法律法规变更导致承包商施工费用增加的,业主应补偿承包商该增加值;相反,则减少相应的工程价款。

(2)第三方原因

第三方是指与工程有关的除业主、工程师、分包商以外的其他参与单位。第三方的某些不当行为也会对项目建造造成不利影响,例如银行付款延迟、海关扣押设备等。若由于第三方原因造成工期拖延,承包商也应向业主索赔。

三、施工的分类

施工索赔分类的方法很多,每一种分类方法都是从某一个角度对其类别进行划分,目的在于更好地进行索赔管理。

1. 按索赔的目的分类

(1)工期索赔

工期索赔主要是指非承包商原因事件或风险造成的关键工作的持续时间超过预期时间,从而使得承包单位需要索求的工期补偿。

(2)费用索赔

费用索赔是指在合同履行过程中,由于非自身原因的事件或风险使得自身有额外的费用支付或损失,如建设单位提出的设计变更、工程量增加、材料未按期到场造成的施工人员窝工等,对于以上事件承包单位有权向建设单位提出索赔。

2. 按索赔主体分类

（1）承包单位与发包单位间的索赔

该索赔是较为常见的一种索赔。一般发生在工程建设过程中,常与工程量的变化、工期的延误、质量的标准、价格的变更等有关。

（2）承包单位与分包单位间的索赔

该种情况常见于施工总承包单位与分包单位之间,二者常因分包具体事项发生索赔;也有发生于总包单位与指定分包商之间的索赔,后者常归结于承包单位与发包单位之间的索赔。

（3）承包商与供货单位的索赔

该种索赔形式常见于承包单位包工包料的情况,即承包单位负责选择供货单位和采购工程材料的情况。对于建设单位负责采购材料设备的情况,如发生材料质量问题或者未能按时到场,此时承包单位应向建设单位索赔。

3. 按索赔事件处理的方式分类

索赔在项目开发建设过程中时常发生。对于索赔事件的处理通常分为单项索赔和总索赔两种形式。

（1）单项索赔

单项索赔是指索赔一方针对某一单一事件向另一方提出的索赔。即在一方违背合同条款规定的相关标准或要求的情况下,在规定的索赔期限内,索赔一方及时提出索赔意向通知书并及时撰写并提交索赔文件。单项索赔优点较为明确,其索赔意愿较为单一,责任划分较为清晰,同时涉及索赔金额也较少,业主较为容易接受。因此,在条件允许的情况下,承包单位应尽可能地进行单项索赔,避免后期麻烦,同时也可及时获得索赔金额,赢得资金时间价值。

（2）总索赔（一揽子索赔）

总索赔是相对于单项索赔而言的,是指在工程竣工前,将施工过程中发生的所有尚未处理的索赔事件进行汇总,向业主提出总的索赔。相对于单项索赔的优势,在总索赔中,各个索赔事件交织在一起,部分早期索赔事件若没有及时搜集充分的证据,后期将不利于索赔证据的搜集,同时各个干扰因素交织在一起,较难明确责任区分,且赔偿金额一般较大,较难索赔成功。一般在如下情况才采用该索赔形式:①单项索赔问题复杂,有争议不能立即解决,双方协商同意将问题搁置,后期集中处理。②业主拖延单项索赔,谈判持久僵持,导致索赔集中处理。

四、索赔的技巧

（1）及早发现索赔机会;

（2）签好合同协议;

（3）对口头变更指令要得到确认;

（4）及时发出"索赔通知书";

（5）索赔事由论证要充足;

（6）索赔计价方法和款额要适当;

(7)力争单项索赔,避免一揽子索赔;

(8)坚持采用"清理账目法";

(9)力争友好解决,防止对立情绪;

(10)注意同监理工程师搞好关系。

第二节 索赔程序及处理

索赔程序是指从出现索赔事件到最终处理全过程所包括的工作内容和工作步骤,承包商在施工过程中要勇于维护自身的合法权益,当发生索赔事件时,要善于发现和把握住索赔的机会。

一、施工索赔程序

1. 索赔意向通知

承包商发现或意识到索赔事件发生时,要及时地向业主或工程师就索赔事项表达索赔愿望或要求,索赔意向的提出是索赔程序开展的第一步。

索赔意向通知要简明扼要地说明以下四个方面的内容:

(1)索赔事件发生的时间、地点和简单事实情况描述;

(2)索赔事件的发展动态;

(3)索赔依据和理由;

(4)索赔事件对工程成本和工期产生的不利影响。

2. 索赔资料的准备

在索赔意向通知提交后,承包商应就索赔事件提出所搜集的相关资料和证据。索赔能够成功在很大程度上依靠于索赔证据是否足够充分。同时进一步跟踪调查影响事件,并分析其产生的原因,明确对方的责任所在,按照索赔标准真实地计算索赔值,并起草正式的索赔报告文件。通常情况下所搜集的资料包括以下几个方面。

(1)会议纪要

承包商要及时地做好每次会议的记录,并就关键议题形成会议纪要格式,并由对方负责人签字确认以留底备案。

(2)来往信件

来往信件是索赔证据的重要来源,平时要做到保存好与建设单位之间通信的原件,并注明相关时间。同时随着网络技术的发展,越来越多的是扫描信件及移动磁盘里面的数据信息,重要的信件和信息要将其形成纸质版并加以保存。

(3)施工日记

承包商应指令现场有关人员及时记录施工中发生的各种情况,形成施工日记。做好施工日记有利于及时发现索赔机会,也能够更好地分析索赔事件。因此,施工日记是索赔成功的重要支撑材料。

(4)工程进度计划

经工程师批准的各种工程进度计划都应妥善保管,它们是承包商提出施工索赔的重要证据资料。

(5)工程成本核算资料

工程成本核算资料是索赔费用计算的基础资料,主要有人工工资原始记录,材料与设备等的采购单,以及付款凭证、机械使用台账、会计报表、物价指数登记表、收付款票据等。

(6)备忘录

① 对于工程师和业主的口头指令和电话,应随时做好书面记录,及时形成纸质版并提请对方签字加以确认。

② 索赔事件发生及其持续过程随时做好情况记录。

③ 保存好投标过程的备忘录等。

(7)其他

搜集的资料还可包括施工过程的相关照片和声像资料、招投标文件等资料。

3. 编写索赔报告

索赔报告是指承包商要求建设单位给予的费用或工期补偿的正式书面文件,应当在索赔事件对工程的影响结束后的合同约定的时间(市场惯例是 28 天)内提交给工程师或业主。

编写索赔报告应注意下列事项:

(1)必须说明索赔的合同依据。有关索赔的合同依据主要有两类:一是有关承包商有资格因额外工作而获得追加合同价款的条款;二是当业主或工程师违反合同给承包商造成额外损失时,承包商有权要求补偿的条款。

(2)索赔报告中必须有详细准确的损失金额的计算和时间。

(3)必须证明索赔事件与承包商的额外工作、额外损失或额外支出之间有因果关系。

4. 提交索赔报告

索赔报告应按照以上注意事项及时编写完成。同时,索赔报告应在合同规定的时间内向业主或工程师提交,否则将丧失索赔机会。提交过后要积极主动地向业主了解索赔处理的情况,并根据反馈的信息做进一步的资料准备。

5. 工程师审核索赔报告

(1)索赔成立的条件

索赔成立需要满足以下条件:

① 索赔一方有损失。

② 这种损失是由业主承担的责任或风险事件造成的,承包商没有过错。

③ 承包商及时提交了索赔意向通知书和索赔报告。

以上三个条件没有主次之分,必须同时满足,承包单位的索赔才有可能成功。

(2)工程师审查索赔报告的要点

在满足以上三个基本条件外,工程师对于提交的索赔报告还需审查以下内容:

① 检查索赔事件的证据和索赔的依据。

② 分析索赔事件的责任人是业主、工程师、第三方、承包商的某一方,还是某几方都有责任,或是不可抗力原因。如果是某几方都有责任,还应分析清楚各方责任大小

和比例。

③ 检查承包商是否遵守索赔意向通知的规定。通过上述评审认定承包商有权索赔后，审查承包商是否遵守索赔意向通知的规定，如果承包商没有遵守，可以拒绝其索赔请求。

④ 检查合同中是否有对业主的相关免责条款。合同中有相关免责条款的，不同意其索赔要求。

⑤ 核算索赔额的计算依据和计算过程，审查索赔计算的正确性。

⑥ 检查承包商的承诺记录，如果是承包商以前表示过放弃索赔要求的，可以驳回索赔要求。

（3）索赔的处理与解决

工程师应及时公正合理地处理索赔，在处理索赔要求时，应充分听取承包商的意见并与承包商协商，若协商不一致，工程师可单方面提出处理意见。

6. 业主审定索赔意见

工程师的索赔处理意见只有得到业主批准才能生效。业主审定索赔处理意见与工程师对索赔报告的评审的方法，既有相同的地方，也有区别，要点如下：

（1）根据索赔事件发生的原因、责任范围和合同条款审核索赔处理意见。

（2）依据工程建设的实际情况，权衡利弊，做出处理决定。

7. 承包商的决定

承包商接受经业主审定的索赔处理意见，工程师签发有关证书，索赔处理过程到此结束。如果承包商不同意业主的处理决定，则应通过合同纠纷解决方式解决索赔争端。

二、施工索赔争端的解决

1. 谈判解决

承包商对业主的索赔处理决定有异议时，业主和承包商可以在工程师提出的索赔处理意见的基础上，通过谈判友好解决，做出索赔的最后决定。

索赔谈判中承包商处于不利的地位，必须讲究谈判的策略和艺术，通过做好下列工作争取获得谈判成功：

（1）选择精明强干和有丰富经验的人员组成谈判小组。小组人员不宜太多，最少两人，以便一人主谈，另一人观察谈判形势，考虑对策。

（2）谈判前做好充分准备。准备工作包括预测谈判过程、预计对方可能提出的问题并准备对策、制定保持友好和谐气氛的措施及争取有利时机的措施等。

（3）谈判开始时，应从业主关心的议题入手，从业主感兴趣的问题开谈，保持友好和谐的谈判气氛。

（4）谈判中要讲事实、重证据，既要据理力争、坚持原则，又要适当让步、机动灵活。

2. DAB 方式和仲裁

DAB 是争端裁决委员会（Dispute Adjudication Board）的简称，承包商与业主（或工程师）将索赔争端直接提交 DAB 解决，通常称为 DAB 方式，该方式是 FIDIC 合同条件规定的合同争议解决方式。

（1）DAB 的组成

DAB 由三名委员组成，他们应当懂法律，熟悉项目管理和合同管理，有技术专长和经验。开工日期后的 28 天内合同当事人双方各提名一名委员，然后共同提名第三名委员，经双方批准后组成 DAB。

（2）合同当事人与 DAB 签订解决争端的协议

合同双方共同与 DAB 签订协议，并将协议附在合同的争端协议书中。

（3）DAB 解决争端的程序

① 合同的任何一方可用书面形式将争端提交 DAB，副本送交对方和工程师。

② DAB 收到报告后 84 天内对争端做出决定并说明理由。

③ 合同的任何一方对 DAB 的决定不满意的，应在收到决定后的 28 天内发出"不满"通知并表明要提交仲裁；经过 55 天的友好解决期仍不能解决的，开始仲裁。

④ DAB 未能在 84 天内做出决定，合同任何一方均可在 84 天后的 28 天内要求仲裁；经过 55 天的友好解决期仍不能解决的，开始仲裁。

⑤ 合同双方在收到 DAB 的决定后 28 天内没有表示"不满"，则均应执行此决定。此后任何一方又不执行此决定时，另一方可直接申请仲裁。

第三节　施工索赔值的计算

一、索赔事件的影响分析

在项目实施及合同履行过程中，有许多索赔事件发生，其原因较为复杂，根据其对合同履行的影响从责任及风险的承担角度可分为三大类。第一类是应由业主承担的责任或责任风险，如工程设计变更、工程师的不当行为；第二类是应由承包商承担的责任或风险，如工期的延误、分包人违约、工程质量问题等；第三类是应由业主与承包商双方各自承担的风险事件，如不可抗力造成的事件。

二、索赔值的计算

施工索赔的计算，通常包括工期索赔和费用索赔两个方面。

1. 工期索赔的计算

（1）工期索赔成立的条件

① 发生了非承包商自身原因的索赔事件；

② 索赔事件造成了总工期的延误。

（2）工期索赔的计算方法——网络图分析法

承包商通常是按网络进度计划组织施工的，工期索赔可采用网络图分析法进行计算。计算方法如下：

① 非承包商自身原因的事件造成关键线路上的工序暂停施工：

$$工期索赔天数＝关键线路上的工序暂停施工的日历天数$$

② 非承包商自身的原因的事件造成非关键线路上的工序暂停施工：

$$工期索赔天数＝工序暂停施工的日历天数－该工序的总时差天数$$

若非关键线路上工序暂停施工天数未超过该工作的总时差,即计算结果为负值,则不能向建设单位提出工期索赔。

(3)工期索赔的计算方法——比例计算法

该种方法较为简单,但只是一种较为粗略的估算,在不能采用其他计算方法时使用。具体的计算方法有两种,按引起误期的事件选用。

① 已知部分工程的拖延时间

$$工期索赔值＝该受干扰部分工程的拖期时间\times\frac{受干扰部分工程的合同价}{原合同价}$$

② 已知额外增加工程量的价格

$$工期索赔值＝原合同总工期\times\frac{额外增加的工程量的价格}{原合同价}$$

2. 费用索赔的计算

费用索赔的计算方法主要有:实际费用法、总费用法和修正总费用法。

(1)实际费用法

实际费用法是工程索赔时最常用的一种方法,也称额外成本法。在采用这种计算方法时,需要注意的是不要遗漏费用项目。这种方法的计算原则是,以承包商为某项索赔工作所支付的实际开支为根据,向业主要求费用补偿。用实际费用法计算时,在人工费、材料费、机械费的额外费用部分的基础上,再加上应得的管理费和利润,即是承包商应得的索赔金额。由于实际费用法所依据的是实际发生的成本记录或单据。所以,在施工过程中,系统而准确地积累记录资料是非常重要的。

① 人工费

人工费的计算,通常按下式:

$$F＝F_1＋F_2＋F_3＋F_4$$

式中,F_1、F_2、F_3、F_4为对人工费造成影响的因素。

F——可索赔的人工费;

F_1——人工单价上涨费用;

F_2——人工工作量增加费用;

F_3——人工窝工费用;

F_4——人工工效降低费用。

② 材料费

材料费的计算,通常按下式:

$$M＝M_1＋M_2＋M_3$$

式中,M_1、M_2、M_3为对材料费造成影响的因素。

W——可索赔的材料费；

W_1——材料用量增加费用；

W_2——材料价格上涨费用；

W_3——材料库存时间延长保管费用。

③ 机械费

机械费的计算，通常按下式：

$$E=E_1+E_2+E_3+E_4+E_5$$

式中，E_1、E_2、E_3、E_4、E_5为对机械费造成影响的因素。

E——可索赔的机械费用；

E_1——机械作业台班增加费用；

E_2——机械台班上涨费用；

E_3——机械作业效率降低损失费用；

E_4——机械闲置费用，一般包括折旧费和租赁费；

E_5——机械设备进出场费用的增加。

④ 管理费

管理费的计算，通常按下式：

$$MF=MF_1+MF_2$$

式中，MF_1、MF_2为管理费用。

MF_1——现场管理费用；

MF_2——总部管理费用。

其中，现场管理费用是指某单个合同发生的、用于现场管理的总费用，一般包括现场管理人员的费用、办公费、差旅费、工具用具使用费、保险费、工程排污费等。总部管理费是指承包商企业总部发生的、为整个企业的运营运作提供支持和服务所发生的管理费用，包括总部管理人员工资、企业经营活动费用、差旅交通费、办公费、固定资产折旧、修理费、职工教育培训费、保险费。

⑤ 利润

利润索赔，一般只有当承包商做了额外的与工程相关的工作才能得到，如由于设计变更，导致工程量增加，不仅可以索赔成本、管理费，而且还可以索赔利润。对于下列几种情况，承包商可以提出利润索赔。

a. 因设计变更等引起的工程量增加；

b. 施工条件变化导致的索赔；

c. 施工范围变更导致的索赔；

d. 合同延误导致机会利润损失；

e. 合同终止带来预期利润损失等。

依据 FIDIC 施工合同条件(1999 版)，可以索赔的情况见表 5 - 1 所列。

表 5-1 索赔情况分析表

序号	条款号	主要内容	可补偿内容		
			工期	费用	利润
1	1.9	延误发放图纸	√	√	√
2	2.1	延误移交施工现场	√	√	√
3	4.7	承包商依据工程师提供的错误数据导致放线	√	√	√
4	4.12	不可预见的外界条件	√	√	
5	4.24	施工中遇到文物和古迹	√	√	
6	7.4	非承包商原因检查导致施工延误	√	√	
7	8.4(a)	变更导致竣工时间的延长	√		
8	(c)	异常不利气候的影响	√		
9	(d)	由于传染病或其他政府行为导致工期延误	√		
10	(e)	业主或其他承包商的干扰	√		
11	8.5	公共当局引起的延误	√		
12	10.2	业主提前占用工程		√	√
13	10.3	对竣工检验的干扰	√	√	
14	13.7	后续法规的调整	√	√	
15	18.1	业主办理的保险未能从保险公司获得补偿部分		√	
16	19.4	不可抗力事件造成的损害	√	√	

(2)总费用法

这种方法对业主不利,因为实际发生的总费用中可能包含承包人施工组织不合理等因素;承包人在投标报价时为竞争中标而压低报价,中标后通过索赔可以得到补偿。所以这种方法只有在难以采用实际费用法时采用。总费用法就是当发生多次索赔事件以后,重新计算该工程的实际总费用,实际总费用减去投标报价时的估算总费用,就是索赔金额,即

$$索赔金额＝实际总费用－投标报价估算总费用$$

(3)修正总费用法

修正的总费用法是对总费用法的改进,即在总费用计算的原则上,去掉一些不合理的因素,使其更合理。修正的内容如下:将计算索赔款的时段局限于受到外界影响的时间,而不是整个施工期;只计算受影响时段内的某项工作所受影响的损失,而不是计算该时段内所有施工工作所受的损失;与该项工作无关的费用不列入总费用中;对投标报价费用重新进行核算——按受影响时段内该项工作的实际单价进行核算,乘以实际完成的该项工作的工程量,得出调整后的报价费用。按修正后的总费用计算索赔金额的公式如下:

$$索赔金额＝某项工作调整后的实际总费用－该项工作的报价费用$$

修正的总费用法与总费用法相比,有了实质性的改进,它的准确程度已接近于实际费用法。

三、费用工期索赔综合计算案例

某施工单位通过对某工程的投标,获得了该工程的承包权,并与建设单位签订了施工总价合同。在施工中发生了如下事件。

事件1:基础施工时,建设单位负责供应的钢筋混凝土预制桩供应不及时,使该工作延误4天。

事件2:建设单位因资金困难,在应支付工程月进度款的时间内未支付,承包方停工10天。

事件3:在主体施工期间,施工单位与某材料供应商签订了室内隔墙板供销合同,在合同内约定:如供方不能按约定时间供货,每天赔偿订购方合同价万分之五的违约金。供货方因原材料问题未能按时供货,拖延8天。

事件4:施工单位根据合同工期要求,冬季继续施工,在施工过程中,施工单位为保证施工质量,采取多种技术措施,由此造成额外费用开支共20万元。

事件5:施工单位进行设备安装时,因业主选定的设备供应商接线错误造成设备损坏。使施工单位安装调试工作延误5天,损失12万元。

问题1:以上各事件中,施工单位延误的工期和增加的费用由谁承担?说明理由。

问题2:索赔按照主体来分包括哪几类?

【参考答案】

问题1:事件1,建设单位应给施工前段时间补偿工期4天和相应的费用补偿。理由:钢筋混凝土预制桩供应不及时,造成该工作延误,属于建设单位的责任。

事件2,由建设单位承担施工前段时间延误工期和增加费用的责任。理由:因建设单位的原因造成的施工临时中断,从而导致承包商工期的拖延和费用支出的增加,因而由建设单位承担。

事件3,应由材料供应商承担违约金,施工单位承担工期延误和费用增加的责任。理由:材料供应商在履行该供销合同时,已构成违约行为,所以由其承担违约金,对于延误的工期,其不可能去承担,反映在建设单位和施工单位的合同中,属于施工前段时间的责任,应由施工单位自己承担。

事件4,由施工单位承担费用增加的责任。理由:在签订合同时,保证施工质量的措施费已包含在合同价款内。

事件5,由建设单位承担施工前段时间延误工期和增加费用的责任。理由:建设单位分别和施工单位以及设备供应商签订了合同,而施工单位和设备供应商之间不存在合同关系,无权向设备供应商提出索赔,对施工单位而言,应视为建设单位的责任。

问题2:索赔按主体可分为如下三类。

(1)承包单位与发包单位间的索赔。

(2)承包单位与分包单位间的索赔。

(3)承包商与供货单位的索赔。

第四节 反 索 赔

一、概述

1. 反索赔的含义

反索赔是指一方提出索赔时,另一方对索赔要求提出反驳、反击,防止对方提出索赔,不让对方的索赔成功或全部成功,并借此机会向对方提出索赔以保护自身合法利益的管理行为。

如果对方提出的索赔依据充分,证据确凿,计算合理,则应实事求是地认可对方的索赔要求,赔偿或补偿对方的经济损失或损害,反之则应以事实为根据,以法律(合同)为准绳,反驳、拒绝对方不合理的索赔要求或索赔要求中的不合理部分,这就是反索赔。

因而,反索赔不是不认可、不批准对方的索赔,而是应有理有据地反驳,拒绝对方索赔不合理的部分,进而维护自身的合法利益。

2. 反索赔的意义

在合同实施过程中,合同双方都在进行合同管理,都在寻找索赔机会。索赔事件发生后合同双方都企图推卸自己的合同责任,并向对方提出索赔。因此不能进行有效的反索赔,同样会蒙受经济损失,反索赔与索赔具有同等重要的地位,其意义主要表现在以下几方面。

(1)减少和防止损失的发生。如果不能进行有效的反索赔,不能推卸自己对于干扰事件的合同责任,则必须满足对方的索赔要求,支付赔偿费用,致使自己蒙受损失。由于合同双方利益不一致,索赔和反索赔又是一对矛盾,因而对合同双方来说,反索赔同样直接关系到工程效益的高低,反映工程管理水平。

(2)成功的反索赔有利于鼓舞管理人员的信心,有利于整个工程及合同的管理,提高工程管理的水平,取得在合同管理中的主动权。在工程承包中,常常有这种情况:由于不能进行有效的反索赔,一方管理者处于被动地位,工作中缩手缩脚,与对方交往诚惶诚恐,丧失主动权,这样必然会影响到自身的利益。

(3)成功的反索赔工作不仅可以反驳、否定对方的不合理要求,而且可以寻找索赔机会,维护自身利益。因为反索赔同样要进行合同分析、事态调查、责任分析、审查对方索赔报告。用这种方法可以摆脱被动局面,变不利为有利,使守中有攻,能达到更好的索赔效果,并为自己索赔工作的顺利开展提供帮助。

3. 索赔与反索赔的关系

(1)索赔与反索赔是索赔管理的两个方面

既要做好索赔工作,又应做好反索赔工作,以最大限度维护自身利益。索赔表现为当事人自觉地将索赔管理作为工程及合同管理的重要组成部分,成立专门机构认真研究索赔方法,总结索赔经验,不断提高索赔成功率,能仔细分析合同缺陷,主动寻找索赔机会,为己方争取应得的利益。

反索赔表现为防止被索赔,不给对方留下可以索赔的漏洞,使对方找不到索赔机会;体现为签署严密合理、责任明确的合同条款,并在合同实施过程中,避免己方违约。在解决过程中表现为,当对方提出索赔时,对其索赔理由予以反驳,对其索赔证据进行质疑,指出其索赔计算的问题,以达到尽量减少索赔额度,甚至完全否定对方索赔要求的目的。

(2)索赔与反索赔是进攻与防守的关系

如果把索赔比作进攻,那么反索赔就是防御。在工程合同实施过程中,一方提出索赔,一般都会遇到对方的反索赔,对方不可能立即予以认可,索赔和反索赔都不太可能一次成功,合同当事人必须能攻善守,攻守相济,才能立于不败之地。

(3)索赔与反索赔都是双向的,合同双方均可向对方提出索赔与反索赔

由于工程项目的复杂性,对于干扰事件常常双方都负有责任,所以索赔中有反索赔,反索赔中又有索赔。业主或承包商不仅要对对方提出的索赔进行反驳,而且要防止对方对己方索赔的反驳。

二、反索赔的内容

反索赔的工作内容包括两个方面:一是防止对方提出索赔,二是反击或反驳对方的索赔要求。

1. 防止对方提出索赔

(1)认真履行合同,避免自身违约给对方留下索赔的机会。这就要求当事人自身加强合同管理及内部管理,使对方找不到索赔的理由和依据。

(2)出现了应由自身承担责任或风险的干扰事件时,给对方造成了额外的损失时,力争主动提出与对方协商提出补偿办法,做到"先发制人",可能比被动等到对方向自己提出索赔对自身更有利。

(3)在出现了双方都有责任的索赔事件时,应采取"先发制人"的策略,索赔事件一旦发生应着手研究、收集证据。先向对方提出索赔要求,同时又准备反驳对方的索赔。这样做的作用有,可以避免超过索赔有效期而失去索赔机会,同时可使自身处于有利地位,因为对方要花时间和精力分析研究己方的索赔要求,可以打乱对方的索赔计划。再者可为最终解决索赔留下余地。因为通常在索赔的处理过程中双方都可能做出让步,而先提出索赔的一方其索赔额可能较高而处在有利位置。

2. 反击对方的索赔

(1)利用己方的索赔来对抗对方的索赔要求,抓住对方的失误或不作为行为对抗对方的要求。如我国合同法中依据诚实信用的原则,规定了当事人双方有减损义务,即在合同履行中发生了应由对方承担责任或风险的事件使自身有损失时,这时受损这一方应采取有效的措施使损失降低或避免损失进一步的发生。若受损方能采取措施但没有采取措施,使损失扩大了,则受损一方将失去补偿和索赔的权利,因而可以利用此原则来分析索赔方是否有这方面的行为,若有,就可对其进行反驳。

(2)反驳对方的索赔报告,找出理由和证据,证明对方的索赔报告不符合事实情况、

不符合合同规定、没有根据、计算不准确，以推卸或减轻自己的赔偿责任，使自己不受或少受损失。

（3）在反索赔中，应当以事实为依据，以法律（合同）为准绳，实事求是，有理有据地认可对方合理的索赔，反驳拒绝对方不合理的索赔，按照公平、诚信的原则解决索赔问题。

三、反索赔的程序与报告

1. 反索赔程序

与索赔一样，反索赔要取得成功也应坚持一定的工作程序，认真分析对方的索赔报告，否则不可能成功。反索赔的一般工作程序如图5-1所示。

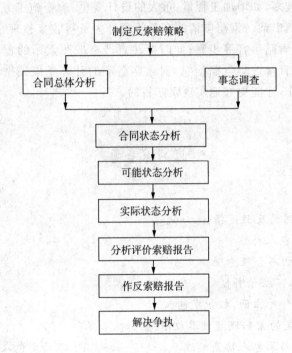

图5-1　反索赔的一般工作程序

2. 反索赔报告

反索赔报告是对反索赔工作的总结，向对方（索赔者）表明自己的分析结果、立场，对索赔要求的处理意见以及反索赔的证据。根据索赔事件性质，索赔值的大小、复杂程度及对索赔认可程度的不同，反索赔报告的内容不同，其形式也不一样。目前反索赔报告没有统一的格式，但作为一份反索赔报告应包括以下的内容。

（1）向索赔方的致函。在这份信函中表明反索赔方的态度和立场，提出解决双方有关索赔问题的意见或安排等。

（2）合同责任的分析。这里对合同做总体分析，主要分析合同的法律基础、合同语言、合同文件及变更、合同价格、工程范围、工程变更补偿条件、施工工期的规定及延长的条件、合同违约责任、争执的解决规定等。

（3）合同实施情况简述和评价。主要包括合同状态、可能状态、实际状态的分析。这里重点针对对方索赔报告中的问题和干扰事件,叙述事实情况,应包括三种状态的分析结果,对双方合同的履行情况和工程实施情况做评价。

（4）对对方索赔报告的分析。主要分析对方索赔的理由是否充分,证据是否可靠可信,索赔值是否合理,指出其不合理的地方,同时表明反索赔方处理的意见与态度。

（5）反索赔的意见和结论。

本章小结

索赔事宜较为烦琐,但其是项目开展过程中无法避免的环节。在工程施工过程中引起索赔发生的事项较多,如增加工程量、重大的设计变更、改变施工方案等都可以按照合同相关规定进行索赔申请。索赔申请的有关阶段分为资料收集整理、对争取索赔的工程内容进行分析、进行索赔事宜等步骤;同时要注意严格按照索赔的程序开展并注意索赔方式的选择;要注意日常搜集索赔信息,对索赔金额的计算予以证据支持。只有充分地做好前期的准备工作,才能更好地实现索赔目的。

复习思考题

一、选择题

1. 工程师对索赔的反驳是指(   )。

A. 尽量少给承包人补偿

B. 反驳承包人的不合理索赔

C. 反驳承包人,不给予补偿

D. 把承包人当作对立面,袒护发包人

2. 当工程师确定的索赔额超过其权限范围时,必须(   )。

A. 组织发包人与承包人协商处理   B. 报请发包人批准

C. 工程师单方决定   D. 与发包人协商处理

3. 依据施工合同示范文本规定,索赔事件发生后的 28 天内,承包人应向工程师递交(   )。

A. 现场同期记录   B. 索赔意向通知

C. 索赔报告   D. 索赔证据

4. 施工索赔从索赔的目的来看可分为(   )。

A. 质量索赔   B. 数量索赔

C. 工期索赔   D. 费用索赔

E. 综合索赔

5. 索赔是向对方提出给予补偿或赔偿的权利要求,它(   )。

A. 是一种违约的惩罚

B. 属于补偿行为

C. 要求索赔方的损害与被索赔方应当承担责任的风险事件有因果关系

D. 要求由索赔方主动提出

E. 要求索赔方必须有损失

6. 工程师对承包商施工索赔的处理决定,承包商(   )。

A. 必须执行   B. 可以不予理睬

C. 可以执行   D. 可以要求工程师重新考虑

E. 可以依据合同提交仲裁

7. 工程师判定承包商索赔成立的条件有(   )。

A. 与合同相比较已经造成了实际的额外费用增加或工期损失

B. 造成费用增加或工期损失的原因不是承包商的过失

C. 按合同规定不应由承包商承担的风险

D. 承包商在事件发生后的规定时间内提出了书面索赔意向通知和索赔报告

E. 承包商提供的证据足以支持自己的主张。

二、简答题

1. 索赔的含义、分类及特点。

2. 简述索赔的程序及索赔报告的内容。

3. 简述索赔费用的组成及计算方法。

4. 工期索赔的分类及处理。

5. 辨析索赔与反索赔之间的关系。

三、案例分析题

某施工单位与业主按 GF—1999—0201 合同签订施工承包工程合同,施工进度计划得到监理工程师的批准,如图 5-2 所示(单位:天)。

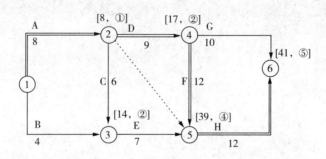

图 5-2 施工进度

施工中,A、E 使用同一种机械,其台班费为 500 元/台班,折旧(租赁)费为 300 元/台班,假设人工工资 40 元/工日,窝工费为 20 元/工日。合同规定提前竣工奖为 1000 元/天,延误工期罚款 1500 元/天(各工作均按最早时间开工)。

施工中发生了以下的情况。

(1)A 工作由于业主原因晚开工 2 天,致使 11 人在现场停工待命,其中 1 人是机械操作人员。

（2）C 工作原工程量为 100 个单位，相应合同价为 2000 元，后设计变更工程量增加了 100 个单位。

（3）D 工作承包商只用了 7 天时间。

（4）G 工作由于承包商原因晚开工 1 天。

（5）H 工作由于不可抗力发生，增加了 4 天作业时间，场地清理用了 20 工日。

问题：在此计划执行中，承包商可索赔的工期和费用各为多少？

第六章　国际工程招标投标

【学习要点】

了解国际工程招标投标的特点,国际工程招标投标的程序,国际工程投标的过程和投标标价的确定。了解国际工程的概念,熟悉国际工程合同的类型及基本内容,掌握合同管理的基本内容和管理方法,使学生初步具备国际工程合同管理的能力。

第一节　国际工程招标

一、国际工程招标方式

国际工程施工的委托方式主要采用招标和投标的方式,选出理想的承包商。国际工程招标方式可归纳为四种情况,即国际竞争性招标(又称国际公开招标)、国际有限招标、两阶段招标和议标(又称邀请协商)。

1. 国际竞争性招标

国际竞争性招标是指在国际范围内,采用公平竞争方式,定标时按事先规定的原则,对所有具备要求资格的投标商一视同仁,根据其投标报价及评标的所有依据进行评标、定标。采用这种方式可以最大限度地挑起竞争,形成买方市场,使招标人有最充分的挑选余地,获得最有利的成交条件。

国际竞争性招标的适用范围如下。

(1)按资金来源划分

根据工程项目的全部或部分资金来源,实行国际竞争性招标主要有以下情况。

① 由世界银行及其附属组织国际开发协会和国际金融公司提供优惠贷款的工程项目。

② 由联合国多边援助机构和国际开发组织地区性金融机构(如亚洲开发银行)提供援助性贷款的工程项目。

③ 由某些国家的基金会和一些政府提供资助的工程项目。

④ 由国际财团或多家金融机构投资的工程项目。

⑤ 两国或两国以上合资的工程项目。

⑥ 需要承包商提供资金即带资承包或延期付款的工程项目。

⑦ 以实物偿付(如石油、矿产或其他实物)的工程项目。

⑧ 发包国拥有足够的自有资金,而自己无力实施的工程项目。

（2）按工程性质划分

按照工程的性质，国际竞争性招标主要适用于以下情况。

① 大型土木工程，如水坝、电站和高速公路等。

② 施工难度大，发包国在技术和人力方面均无实施能力的工程，如工业综合设施、海底工程等。

③ 跨越国境的国际工程，如连接欧亚两大洲的陆上贸易通道。

④ 极其巨大的现代工程，如英法海底隧道。

2. 国际有限招标

国际有限招标是一种有限竞争招标。较之国际竞争性招标，它有其局限性，即投标人选有一定的限制，不是任何对发包项目有兴趣的承包商都有资格投标。国际有限招标包括两种方式。

（1）一般限制性招标

一般限制性招标虽然也是在世界范围内，但对投标人选有一定的限制。其具体做法与国际竞争性招标颇为近似，只是更强调投标人的资信。采用一般限制性招标方式也应该在国内外主要媒体上刊登广告，只是必须注明是有限招标和对投标人选的限制范围。

（2）特邀招标

特邀招标即特别邀请性招标。采用这种方式时，一般不在媒体上刊登广告，而是根据招标人自己积累的经验和资料或由咨询公司提供的承包商名单，由招标人在征得世界银行或其他项目资助机构的同意后对某些承包商发出邀请，经过对应邀人进行资格预审后，再行通知其提出报价，递交投标书。这种招标方式的优点是经过选择的投标商在经验、技术和信誉方面比较可靠，基本上能保证招标的质量和进度。但这种方式也有其缺点，即由于发包人所了解的承包商的数目有限，在邀请时很可能漏掉一些在技术上和报价上有竞争力的承包商。

国际有限招标是国际竞争性招标的一种修改方式。这种方式通常适用于以下情况。

① 工程量不大，投标商数目有限或存在其他不宜采用国际竞争性招标的正当理由，如对工程有特殊要求等。

② 某些大而复杂且专业性很强的工程项目，如石油化工项目，潜在的投标者很少，准备招标的成本很高。为了节省时间，又能节省费用，还能取得较好的报价，招标可以限制在少数几家合格企业的范围内，以使每家企业都有争取合同的较好机会。

③ 由于工程性质特殊，要求有专门经验的技术队伍和熟练的技工以及专门的技术设备，只有少数承包商能够胜任。

④ 工程规模太大，中小型公司不能胜任，只好邀请若干家大公司投标。

⑤ 工程项目招标通知发出后无人投标，或投标商数目不足法定人数（至少3家），招标人可再邀请少数公司投标。

⑥ 由于工期紧迫，或由于保密要求或由于其他原因不宜公开招标的工程。

3. 两阶段招标

两阶段招标实质上是国际竞争性招标和国际有限招标相结合的方式。第一阶段按公开招标方式招标，经过开标和评标后，再邀请其中报价较低的或较合格的3家或4家投标人进行第二次投标报价。

两阶段招标通常适用于以下情况。

(1)招标工程内容属高新技术,需在第一阶段招标中博采众长,进行评价,选出最新最优设计方案,然后在第二阶段中邀请选中方案的投标人进行详细的报价。

(2)在某些新型的大型项目承包之前,招标人对此项目的建造方案尚未最后确定,这时可以在第一阶段招标中向投标人提出要求,就其最擅长的建造方案进行报价,或者按其建造方案报价。经过评价,选出其中最佳方案的投标人,再进行第二阶段的按其具体方案的详细报价。

(3)一次招标不成功的,即所有报价超出标底20%以上,只好在现有基础上邀请若干家较低报价者再次报价。

4. 议标

议标亦称邀请协商。就其本意而言,议标乃是一种非竞争性招标。严格说来,这不算一种招标方式,只是一种"谈判合同"。最初,议标的习惯做法是由发包人物色一家承包商直接进行合同谈判。只有某些工程项目的造价过低,不值得组织招标,或由于其专业技术为一家或几家垄断,或因工期紧迫不宜采用竞争性招标,或者招标内容是专业咨询、设计和指导性服务,或属保密工程,或属于政府协议工程等情况,才采用议标方式。

随着承发包活动的广泛开展,议标的含义和做法也不断发展和变化。目前,在国际承包实践中,发包单位已不再仅仅是同一家承包商议标,而是同时与多家承包商进行谈判,最后无任何约束地将合同授予其中一家,无须优先授予报价最优惠者。议标给承包商带来较多好处:首先,承包商不用出具投标保函,也无须在一定的期限内对其报价负责;其次,议标竞争对手不多,竞争性小,因而缔约的可能性较大。议标对于发包单位也不无好处:发包单位不受任何约束,可以按其要求选择合作对象,尤其是发包单位同时与多家议标时,可以充分利用议标的承包商的弱点,以此压彼,利用其担心被对手抢标、成交心切的心理迫使其降低报价或降低其他要求,从而达成理想的成交方案。采用议标方式,发包单位同样应采取各种可能的措施,运用各种特殊手段,挑起多家可能实施合同项目的承包商之间的竞争。当然,这种竞争并不像其他招标方式那样必不可少或完全依照竞争规则进行。

议标通常在以下情况下采用。

(1)以特殊名义(如执行政府协议)签订承包合同。

(2)按临时签约且在业主监督下执行的合同。

(3)由于技术的需要或重大投资原因只能委托给特定的承包商或制造商实施的合同。

(4)属于研究、试验或实验及有待完善的项目承包合同。

(5)项目已付诸招标,但没有中标者或没有理想的承包商。这种情况下,业主通过议标,另行委托承包商实施工程。

(6)出于紧急情况或急迫需求的项目。

(7)保密工程。

(8)属于国防需要的工程。

（9）已为业主实施过项目，且已取得业主满意的承包商重新承担基本技术相同的工程项目。

适用于议标方式的项目基本如上所列，但这并不意味着上述项目不适用于其他招标方式。

二、国际工程招标程序

国际上已基本形成了相对固定的招标投标程序，可以分为三大步骤，即对投标者的资格预审；投标者得到招标文件和递交投标文件；开标、评标、合同谈判和签订合同。三大步骤依次连接就是整个投标的全过程。国际工程招投标程序与国内工程招标投标程序无太多区别。由于国际工程涉及的主体多，在招标投标各阶段的具体工作内容会有所不同。FIDIC《招标程序》提供了一个完整、系统的国际工程项目招标程序，具有实用性、灵活性。它旨在帮助业主和承包商了解国际工程招标的通用程序，为实际工作提出规范化的操作程序。这套招标程序对其他行业，如 IT 行业，也有一定的参考价值。FIDIC《招标程序》还附有三个附录：项目执行模式、承包商资格预审标准格式和投标保证格式。FIDIC《招标程序》为工程项目的招标和合同的授予提出了系统的办法。它旨在帮助业主和工程师根据招标文件获得可靠的、符合要求的且有竞争性的投标人，同时能够迅速高效地评定各个投标书。同时，也努力为承包商提供机会，鼓励投标人对其有资格承担的项目的招标邀请做出积极的反应。

采用本程序能使招标费用大大降低，并能确保所有投标者得到公平、同等的机会，使他们按照合理的条件提交投标书。本程序反映的是良好的现行惯例，适用于大多数国际工程项目，但由于项目的规模和复杂程度不同，加之有时业主或金融机构确定的程序提出了某些限制性的特殊条件，因此，可对本程序做出修改，以满足某些相应的具体要求。

经验证明，对于国际招标项目进行资格预审很有必要，因为它能使业主和工程师提前确定随后被邀请投标的投标者的能力。资格预审同样对承包商有利，因为如果通过了资格预审，就意味着知道了竞争对手。

三、资格预审

对于某些大型或复杂的项目，招标的第一个重要步骤就是对投标者进行资格预审。业主发布工程招标资格预审公告之后，对该工程感兴趣的承包商会购买资格预审文件，并按规定填写内容，按要求日期报送业主；业主在对送交资格预审文件的所有承包商进行认真审核后，通知那些业主认为有能力实施本工程项目的承包商前来购买招标文件。

1. 资格预审的目的

业主资格预审的目的是了解投标者过去履行类似合同的情况，人员、设备、施工或制造设施方面的能力，财务状况，以确定有资格的投标者，淘汰不合格的投标者，减少评标阶段的工作时间和评审费用；招标具有一定的竞争性，为不合格的投标者节约购买招标文件、现场考察及投标等费用；有些工程项目规定本国承包商参加投标可以享受优惠条件，有助于确定一些承包商是否具有享受优惠条件的资格。

2. 资格预审程序

资格预审一般遵循如下程序。

(1)编制资格预审文件。由业主委托咨询公司或设计单位编制,或由业主直接组织有关专业人员编制。资格预审文件的主要内容有:工程项目简介、对投标者的要求、各种附表等。

首先要成立资格预审文件工作小组,人员组成有业主、招标机构、财务管理专家、工程技术人员。资格预审文件在编写时内容要齐全,要规定语言,明确资格预审文件的份数,注明"正本"和"副本"。

(2)发布资格预审公告,邀请有意参加工程投标的承包商申请资格审查。资格预审公告的内容:业主和工程师的名称,工程所在位置、概况和合同包含的工作范围,资金来源,资格预审文件的发售日期、时间、地点和价格,预期的计划(授予合同的日期、竣工日期及其他关键日期),招标文件颁发和提交投标文件的计划日期,申请资格预审须知,提交资格预审文件的地点及截止日期、时间,最低资格要求及准备投标者可能关心的其他问题。

资格预审公告一般应在颁发招标文件的计划日期前 10~15 周发布,填写完成的资格预审文件应在这一计划日期之前的 4~8 周提交。从发布资格预审通知到报送资格预审文件截止的日期间隔不少于 4 周。

(3)发售资格预审文件。在指定的时间、地点发售资格预审文件。

(4)资格预审文件答疑。在资格预审文件发售后,购买文件的投标者对资格预审文件提出疑问,投标者应将疑问以书面形式(包括电传、信件等)提交业主;业主应以书面形式回答,并通知所有购买资格预审文件的投标者。

(5)报送资格预审文件。投标者应在规定的截止日期前报送资格预审文件,报送文件截止后不得修改。

(6)澄清资格预审文件。业主可被要求澄清预审文件的疑点。

(7)评审资格预审文件。组成资格预审评审委员会,对资格预审文件进行评审。

(8)向投标者通知评审结果。业主以书面形式向所有参加资格预审的投标者通知评审结果,在规定的时间、地点向通过资格预审的投标者发售招标文件。

3. 资格预审文件的内容

资格预审文件的内容主要包括以下五个方面。

(1)工程项目总体概况

工程项目总体概况包括:工程内容介绍、资金来源、工程项目的当地自然条件、工程合同的类型。

(2)简要合同规定

① 投标者的合格条件。有些工程项目所在国规定禁止与世界上某国进行任何来往时,则该国公司不能参加投标。

② 进口材料和设备的关税。投标者应核实项目所在国的海关对进口材料和设备的法律规定、关税交纳的细节。

③ 当地材料和劳务。投标者应了解工程所在国对当地材料价格和劳务使用的有关规定。

④ 投标保证金和履约保证金。业主应规定投标者提交投标保证金和履约保证金的

币种、数量、形式、种类。

⑤ 支付外汇的限制。业主应明确向投标者支付外汇的比例限制和外汇兑换率,在合同执行期间不得改变外汇兑换率。

⑥ 优惠条件。业主应明确本国投标者优惠条件。世界银行的《采购指南》中明确规定了给予贷款国国内投标者的优惠待遇。

⑦ 联营体的资格预审。联营体的资格预审条件是:资格预审的申请可以单独提交,也可以联合提交。预审申请可以单独或同时以合伙人名义提出,确定责任方和合伙人所占股份的百分比,每一方必须递交本企业预审的文件;说明申请人投标后,投标书及合同对全体合伙人有法律约束;同时提交联营体协议,说明各自承担的业务与工程。资格预审申请包括有关联营体各方拟承担的工程及业务分担;联营体任何变化都要在投标截止日前得到业主书面批准,后组建的联营体如果由业主判定联营体的资格经审查低于规定的最低标准,将不予批准。

⑧ 仲裁条款。在资格预审文件中写明仲裁机构名称。

(3)资格预审文件说明

业主将根据投标者提供的资格预审申请文件来判断投标者的财务状况、施工经验与过去履约情况、人员情况、施工设备,通过判断来进行综合评价,业主应制定评价标准。

(4)投标者填写的表格

业主要求投标者填写的表格有:资格预审申请表、管理人员表、施工方法说明、设备和机具表、财务状况报表、近 5 年完成的合同表、联营体意向声明、银行信用证、宣誓表等。

(5)工程主要图纸

工程主要图纸包括工程总体布置图、建筑物主要剖面图等。

4. 资格预审文件的评审

资格预审文件的评审由评审委员会实施。评审委员会由招标机构负责组织,参加的人员有业主代表以及招标机构、上级领导单位、融资部门、设计咨询机构等单位的人员,应包括财务、经济、技术专家。资格预审根据标准一般采用打分的办法进行。

首先整理资格预审文件,看其是否满足资格预审文件要求。检查资格预审文件的完整性,审查投标者的财务能力、人员情况、设备情况及履行合同的情况是否满足要求。资格预审采用评分法进行,按标准逐项打分。评审实行淘汰制,对于满足填报资格预审文件要求的投标者,一般情况下可考虑按财务状况、施工经验、过去履约情况和人员、设备等四个方面进行评审打分,每个方面都规定好满分分数线和最低分数线。只有达到下列条件的投标者才能获得投标资格:每个方面得分不低于最低分数线;四个方面得分之和不少于 60 分(满分为 100 分)。最低合格分数线的制定应根据参加资格预审的投标者的数量来决定。如果投标者的数量比较多,则适当提高最低合格分数线,这样可以多淘汰一些投标者,仅给予获得较高分数的投标者以投标资格。

四、国际工程招标文件

招标文件是提供给投标者的投标依据,招标文件应向投标者介绍项目有关内容的实施要求,包括项目基本情况、工期要求、工程及设备质量要求,以及工程实施业主方如何对项目的投资、质量和工期进行管理。招标文件还是签订合同的基础,尽管在招标过程中业主方可能会对招标文件的内容和要求提出补充和修改意见,在投标和谈判中,承包商也会对招标文件提出修改要求,但招标文件是业主对工程项目的要求,据之签订的合同则是在整个项目实施中最重要的文件。

由此可见编制招标文件对业主非常重要。对承包商而言,招标文件是业主工程项目的蓝图,掌握招标文件的内容是成功投标、实施项目的关键。工程师受业主委托编制招标文件要体现业主对项目的技术经济要求,体现业主对项目实施管理的要求,将来据之签订的合同将详细而具体地规定工程师的职责权限。

1. 编写招标文件的基本要求

世界银行贷款项目、土建工程的招标文件的内容,已经逐步纳入标准化、规范化的轨道,按照世界银行《采购指南》的要求,招标文件应当符合以下要求:

(1)能为投标人提供一切必要的资料数据。

(2)招标文件的详细程度应随工程项目的大小而不同。比如国际竞争性招标和国内竞争性招标的招标文件在格式上有所区别。

(3)招标文件应包括:投标邀请函、投标人须知、投标书格式、合同格式、合同条款(包括通用条款和专用条款)、技术规范、图纸和工程量清单,以及必要的附件,比如各种保证金的格式。

(4)使用世界银行发布的标准招标文件。在我国贷款项目强制使用世行标准,财政部编写的招标文件范本,也可做必要的修改,改动在招标资料表和项目的专用条款中做出,标准条款不能改动。

2. 招标文件的基本内容

国际和国内竞争性招标所用的招标文件,虽有差异,但是都包括如下文件和格式。

(1)"投标邀请函"。重复招标公告的内容,使投标人根据所提供的基本资料来决定是否要参加投标。

(2)"投标人须知"。提供编制具有响应性的投标所需的信息和介绍评标程序。

(3)"投标资料表"。包含方便投标人进行投标的详细信息。

(4)"通用合同条款"。确立适用土建工程合同的标准合同条件,即FIDIC合同条件。

(5)"专用合同条款"。又分为A和B两部分,A部分为"标准专用合同条款",B部分为"项目专用合同条款"。"标准专用合同条款"对通用合同条款中的相应条款予以修改、增删,以适用于中国的具体情况。"项目专用合同条款"和"投标书附录"对通用合同条款和标准专用合同条款中的相应条款加以修改、补充或给出数据,以适应合同的具体情况。

(6)"技术规范"。对工程给予确切的定义与要求,确立投标人应满足的技术标准。

(7)"投标函格式"。指明投标人中标后应承担的合同责任。

(8)"投标保证金格式"。是使投标有效的金融担保拟定的格式。

(9)"工程量清单"。指明工程项目的种类细目和数量。

(10)"合同协议书格式"。是业主与承包商双方签署的法律性标准化格式文件。

(11)"履约保证金格式"。是使合同有效的金融担保拟定格式,由中标的投标人提交。

(12)"预付款银行保函格式"。是使中标人得到预付款的金融担保拟定的格式,由中标人提交。预付款银行保函的目的是在承包商违约时对业主损失进行补偿。

(13)"图纸"。业主提供投标人编制投标书所需的图纸、计算书、技术资料及信息。

(14)"世界银行贷款项目采购提供货物、工程和服务的合格性"。列出了世界银行贷款项目采购不合格的供应商和承包商的国家名单。

3. 招标文件的相关人员及主体

建筑师、工程师、工料测量师是国际工程的专业人员,业主、承包商、分包商、供货商是国际工程的法人主体。

建筑师、工程师均指不同领域和阶段负责咨询或设计的专业公司的专业人员,如在英国,建筑师负责建筑设计,而工程师则负责土木工程的结构设计。各国均有严格的建筑师、工程师的资格认证及注册制度,作为专业人员必须通过相应专业协会的资格认证,而有关公司或事务所必须在政府有关部门注册。咨询工程师一般简称为工程师,指的是为业主提供有偿技术服务的独立的专业工程师,其服务内容可以涉及各自擅长的不同专业。工料测量师是英联邦国家以及中国香港对工程经济管理人员的称谓,在美国称其为造价工程师或成本咨询工程师,在日本则称其为建筑测量师。分包商是指那些直接与承包商签订合同,分担一部分承包商与业主签订合同中的任务的公司。业主和工程师不直接管理分包商,他们对分包商的工作有要求时,一般通过承包商来处理。指定分包商是指业主方在招标文件中或在开工后指定的分包商,指定分包商仍应与承包商签订分包合同。广义的分包商还包括供货商与设计分包商。供货商是指为工程实施提供工程设备、材料和建筑机械的公司和个人。一般供货商不参与工程的施工,但是有一些设备供货商由于所提供设备的安装要求比较高,往往既承担供货,又承担安装和调试工作,如电梯、大型发电机组等。供货商既可以与业主直接签订供货合同,也可以直接与承包商或分包商签订供货合同。

4. 招标文件的编制

"工程项目采购标准招标文件"包括以下内容:投标邀请书、投标人须知、招标资料表、通用合同条件、专用合同条件、技术规范、投标书格式、投标书附录、投标保函格式、工程量清单、协议书格式、履约保证格式、预付款银行保函格式、图纸、说明性注解、资格后审、争端解决程序等。下面以世界银行工程项目采购标准招标文件的框架和内容为主线,对工程项目采购招标文件的编制进行详细的介绍。

(1)投标邀请书

投标邀请书中包括的内容有:通知投标人资格预审合格,准予参加该工程项目的投标;购买招标文件的地址和费用;应当按招标文件规定的格式和金额递交的投标保函;开标前会议的时间、地点,递交投标书的时间、地点,以及开标的时间和地点;要求以书面形式确认收到此函,如不参加投标也希望能通知业主方;投标邀请书不属于合同文件的组成部分。

(2)投标人须知

投标人须知的作用是具体制定投标规则,给投标人提供应当了解的投标程序,使其能提交具有响应性的投标。这里介绍的标准条款不能改动;必须改动时,只能在投标资料表中进行。投标人须知的主要内容包括:工程范围;工期要求;资金来源;投标商的资格(必须资格预审合格)以及货物原产地的要求;利益冲突的规定;对提交工作方法和进度计划的要求;招标文件和投标文件的澄清程序;投标语言;投标报价和货币的规定;备选方案;修改、替换和撤销投标的规定;标书格式和投标保证金的要求;评标的标准和程序;国内优惠规定;投标截止日期和标书有效期及延长;现场考察、开标的时间、地点等;反欺诈反腐败条款;专家审议委员会或小组的规定。

(3)招标资料表

招标资料表由业主方在发售招标文件之前,对应投标人须知中有关各条进行编写,为投标人提供具体的资料、数据、要求。投标人须知的文字和规定是不允许修改的,业主方只能在招标资料表中对其进行补充。招标资料表内容与投标人须知不一致时以招标资料表为准。

(4)合同通用条件

范本的合同通用条件(General Conditions of Contract,GCC)为国际咨询工程师联合会(Fédération Internationale Des Ingénieus-Conseils,FIDIC)所出版的合同通用条件,FIDIC合同条款依据国际通用的合同准则编写,为业主和承包商双方的关系奠定标准的法律基础。FIDIC合同条款受版权保护,不得复印、传真或复制。招标文件中的通用合同条件可以从FIDIC购买,购买费计入招标文件售价;或者指明用FIDIC的合同条款,由投标人直接向FIDIC购买。FIDIC条款的特点是:逻辑严密,条款脉络清楚,风险分担合理,文字上无模棱两可之处。FIDIC条款具有单价合同特点,以图纸、技术规范、工程量清单为招标条件。突出了工程师的作用,采用独立的第三方进行项目监理。

(5)合同的专用条件

专用合同条件是针对具体工程项目,业主方对通用合同条件进行具体补充,以使合同条件更加具体适用。在世界银行工程项目采购的标准招标文件中,将专用合同条件中列出的各种条件分成两类、三个层次。

(6)技术规范

相当于我国的施工技术规范的内容,由咨询工程师参照国家的范本和国际上通用的规范并结合每一个具体工程项目的自然地理条件和使用要求来拟定,因而也可以说它体现了设计意图和施工要求,更加具体化,针对性更强。根据设计要求,技术规范应对工程每一个部位和工种的材料和施工工艺提出明确的要求。技术规范中应对计量要求做出明确规定,以避免或减少在实施阶段计算工程量与支付时的争议。

(7)投标书格式、投标书附录和投标保函

投标书格式、投标书附录和投标保函这三个文件是投标阶段的重要文件,投标书附录不仅是投标者在投标时要首先认真阅读的文件,而且对合同实施有约束和指导作用,因而应仔细研究和填写。

(8)工程量清单

工程量清单提供工程数量资料,使投标书可以编写得有效、准确,便于评标。在合同实施期间,标价的工程量清单是支付基础,用工程量清单中所报的单价乘以当月完成的工程量计算支付额。工程量清单一般分为前言、工程细目、计日工表和汇总表四部分。

(9)合同协议书格式、履约保函格式和预付款银行保函格式

投标人在投标时不填写招标文件中提供的合同协议书格式、履约保证金格式和预付款银行保函格式,中标的投标人才要求提交。许多国家规定,投标书与中标通知书即构成合同,有的国家要求双方签订合同协议书,如世界银行贷款合同,由合同双方签署后生效。

履约保证是承包商向业主提出的保证认真履行合同的一种经济担保,一般有两种形式,即银行保函(或叫履约保函),以及履约担保。世界银行贷款项目一般规定,履约保函金额为合同总价的10%,履约担保金额则为合同总价的30%以上。保函或担保中的"保证金额"由保证人根据投标书附录中规定的合同价百分数折成金额填写。美洲习惯采用履约担保,欧洲采用银行保函。只有世界银行贷款项目两种保证形式均可,亚洲开发银行则规定只能用银行保函,在编制国际工程的招标文件时应注意,银行履约保函分为两种形式:一种是无条件银行保函;另一种是有条件银行保函。对于无条件银行保函,银行见票即付,不需业主提供任何证据,承包商不能要求银行拒付。有条件银行保函即银行在支付之前,业主有理由指出承包商违约,业主和工程师出示证据,提供损失计算数值,银行、业主均不愿承担这种保函。履约担保是由担保公司、保险公司或信托公司开出的保函。承包商违约,业主要求承担责任前,必须证实承包商违约。担保公司可以采取以下措施之一,根据原要求完成合同:可以另选承包商与业主另签合同完成此工程,增加的费用由担保公司承担,不超过规定的担保金额;也可按业主要求支付给业主款额,但款额不超过规定的担保金额。

(10)图纸

图纸是招标文件和合同的重要组成部分,是投标人拟定施工方案、选用施工机械、提出备选方案、计算投标报价的资料。业主方一般应向投标人提供图纸的电子版。招标文件应该提供合适尺寸的图纸,补充和修改的图纸经工程师签字后正式下达,才能作为施工及结算的依据。在国际招标项目中,图纸有时较简单,可以减少承包商索赔机会,让承包商设计施工详图,利用了承包商的经验。当然这样做要对图纸认真检查,以防造价增加。业主方提供的图纸中所包括的地质、水文、气象等资料属于参考资料,投标人应对资料做出正确分析判断,业主和工程师对投标人的分析不负责任,投标人要注意潜在风险。

第二节　国际工程投标

一、确定投标项目

1. 收集项目信息

可以通过以下几种途径收集项目信息。

(1)国际金融机构的出版物。所有利用世界银行、亚洲开发银行等国际性金融机构贷款的项目,都要在世界银行的《商业发展论坛报》、亚洲开发银行的《项目机会》上发布。

(2)公开发行的国际性刊物。如《中东经济文摘》《非洲经济发展月刊》上刊登的招标

邀请公告。

  (3)借助公共关系提早获取信息。

  (4)通过驻外使馆、驻外机构、外经贸部、公司驻外机构、外国驻我国机构获取。

  (5)国际信息网络获取信息。

  2. 跟踪招标信息

  国际工程承包商从工程项目信息中,选择符合本企业的项目进行跟踪,初步决定是否准备投标,再对项目做进一步调查研究。跟踪项目或初步确定投标项目的过程是一个重要的经营决策过程。

二、准备投标

  1. 在工程所在国登记注册

  国际上有些国家允许外国公司参加该国的建设工程的投标活动,但必须在该国注册登记,取得该国的营业执照。一种是先投标,经评标获得工程合同后才允许该公司注册;另一种是外国公司欲参与该国投标,必须先注册登记,在该国取得法人地位后,才可以正式投标。

  公司注册通常通过当地律师协助办理,承包商提供公司章程、所属国家颁发的营业证书、原注册地、日期、董事会在该国建立分支机构的决议、对分支机构负责人的授权证书。

  2. 雇用当地代理人

  进入该国市场开拓业务,由代理人协调当地事务。有些国家法律明确规定,任何外国公司必须指定当地代理人,才能参加所在国建设项目的投标承包。国际工程承包业务的80%都是通过代理人和中介机构完成的,他们的活动有利于承包商、业主,促进了当地建设经济的发展。代理人可以为外国公司承办注册、投标等。选定代理人后,双方应签订正式代理协议,付给代理人佣金。代理佣金一般是按项目合同金额的一定比例确定,如果协议需要报政府机构登记备案,则合同中的佣金比例不应超过当地政府的限额和当地习惯。佣金一般为合同总价的2%~3%。大型项目比例会适当降低,小型项目会适当提高,但一般不宜超过5%。代理投标业务时,一般在中标后支付佣金。

  3. 选择合作伙伴

  有些国家要求外国承包商在本地投标时,要尽量与本地承包商合作,承包商最好是先从以前的合作者中选择两三家公司进行询价,可以采取联营体合作,也可以在中标前后选择分包。投标前选择分包商,应签订排他性意向书或协议,分包商还应向总包商提交其承担部分的投标保函,一旦总包商中标,分包合同即自动成立。但事先无总包、分包关系,只要求分包商对其报价有效期做出承诺,不签订任何互相限制的文件,总包商保留中标后任意选择分包商的权利,分包商也有权调整他的报价。中标后选择分包商可以将利润相对丰厚的部分工程留给自己施工,有意识地将价格较低或技术不擅长的部分工程分包,向分包商转嫁风险。在某些工程项目的招标文件中,有时规定业主或工程师可以指定分包商,或要求承包商在业主指定的分包商名单中选择分包商。指定分包商向总包商承担义务责任,保障总承包商免受损害。

选择联营体合作伙伴是为了在激烈的竞争中获胜,一些公司相互联合组成临时性的、长期性的联合组织,以发挥企业的特长,增强竞争能力。联营体一般可分为两类:一类叫分担施工型,另一类叫联合施工型。分担施工型是合伙人各自分担一部分作业,并按照各自的责任实施项目。可以按设计、设备采购和安装调试、土建施工分,也可按工程项目或设备分,即把土建工程分为若干部分,由各家分别独立施工,设备也可根据情况分别采购、安装调试,有时这种形式也叫联合集团。一般的变更和修改可由联营体特定的领导者来处理,在项目合同中要明确规定这个特定的领导者具有代理全体合伙人的权限,便于和业主合作。联合施工型联营体的合伙者不分担作业,而是一同制定参加项目的内容及分担的权利、义务、利润和损失。因此,合伙人关心的是整个项目的利润或损失和以此为基础的正确决算。也可采用合伙人代表会议方式,由一位推选的领导者负责,这种方式的领导者职责、权限更具有权威性。

4. 成立投标小组

投标小组由经验丰富、有组织协调能力、善于分析形势和有决策能力的人员担任领导,要有熟悉各专业施工技术和现场组织管理的工程师,还要有熟悉工程量核算和价格编制的工程估算师。此外,还要有精通投标文件、文字的人员,最好是能使用该语言工作的工程技术人员和估价师,还要有一位专职翻译,以保证投标文件的质量。

三、参加资格预审

首先进行填报前的准备工作,在填报前应将各方面的原始资料准备齐全。内容应包括财务、人员、施工设备和施工经验等资料。在填报资格预审文件时应按照业主提出的资格预审文件要求,逐项填写清楚,针对所投工程项目的特点,有重点地填写,要强调本公司的优势,实事求是地反映本公司的实力。一套完整的资格预审文件一般包括资格预审须知、项目介绍以及一套资格预审表格。资格预审须知中说明对参加资格预审公司的国别限制、公司等级、资格预审截止日期、参加资格预审的注意事项以及申请书的评审等;项目介绍则简要介绍招标项目的基本情况,使承包商对项目有一个总体的认识和了解;资格预审表格是由业主和工程师编制的一系列表格,不同项目资格预审表格的内容大致相同。

四、编制正式的投标文件

在报价确定后,就可以编制正式的投标文件。投标文件又称标函或标书,应按业主招标文件规定的格式和要求编制。

1. 投标书的填写

投标书的内容与格式由业主拟定,一般由正文与附件两部分组成。承包商投标时应填写业主发给的投标书及其附录中的空白,并与其他投标文件一同寄交业主。中标后,标书就成为合同文件的一个重要组成部分。有的投标书中还可以提出承包商的建议,以此得到业主的欢迎,如可以表明用什么材料代用可以降低造价而又不降低标准,修改某部分设计则可降低造价等。

2. 复核标价和填写

标书标价进行调整以后,要认真反复审核标价,确定无误后才能开始填写投标书等投标文件。填写时要用墨汁笔,不允许用圆珠笔,然后翻译、打字、签章、复制。填写内容除了投标书外,还应包括招标文件规定的项目,如施工进度计划、施工机械设备清单及开办费等。有的工程项目还要求将主要分部分项工程报价分析表填写在内。

3. 投标文件的汇总装订

投标书编制完毕后,要进行整理和汇总。国外的标书要求内容完整、纸张一致、字迹清楚、美观大方,汇总后即可装订,整理时一定不要漏装。投标书不完整,会导致投标无效。

4. 内部标书的编制

内部标书是指投标人为确定报价所需各种资料的汇总,其目的是作为投标人今后投标报价的依据,也是工程中标后向有关工程项目施工人员交底的依据。内部标书的编制不需重新计算,而是将已经报价的成果资料进行整理。其一般包括以下内容。

(1)编制说明。主要叙述工程概况、编制依据、工资、材料、机械设备价格的计算原则;采用定额和费用标准的计算原则;人民币与规定外币的比值;劳动力、主要材料设备、施工机械的来源;贷款额及利率;盈亏测算结果等。

(2)内部标价总表。标价总表分为按工程项目划分的标价总表和单独列项计算的标价总表两种。按工程项目划分的标价总表,工程项目的名称及标价应分别列出;单独列项的标价总表,应单独列表,如开办费中的施工用水、电及临时设施等。

(3)人工、材料设备和施工机械价格计算。此部分应加以整理,分别列出计算依据和公式。

(4)分部分项工程单价计算。此部分的整理要仔细,并可建立汇总表。

(5)开办费、施工管理费和利润计算。要求应分别列项加以整理,其中利润率计算的依据等均应详细标明。

(6)内部盈亏计算。根据标价分析做出盈亏与风险分析,分别计算后得出高、中、低三档报价,供决策者选择。

经过以上工作,内部标书编制的主要工作基本完成,之后便是投送标书、参加开标、接受评标,获得中标通知书后进行合同谈判,最终签订承包合同。

第三节　国际工程合同条件

一、国际工程合同

1. 国际工程承包合同的特点

国际工程承包合同是指国际工程的参与主体之间为了实现特定的目的而签订的明确彼此权利义务关系的协议。与国内工程合同相比,国际工程承包合同具有如下一些特点:

(1)国际工程合同是参与主体进行合同订立的法律行为。合同关系必须是双方(或多方)当事人的法律行为,而不能是单方面的法律行为。当事人之间具备"合意",合同才能成立。在国际工程参与主体订立合同的过程中,国际工程合同为合同双方规定了权利与义务。这种权利义务的相互关系并不是一种道义上的关系,而是一种法律关系。双方签订的合同要受到有关缔约方国家的法律或国际惯例的制约、保护与监督。合同一经签字,双方必须履行合同规定的条款。违约一方要承担由此而造成的损失。

(2)国际工程合同是一种非法律性惯例。国际工程咨询和承包在国际上都有上百年历史,经过不断总结经验,在国际上已经有了一批比较完善的合同范本,如 FIDIC 合同条件、ICE 合同条件、NEC 合同条件、AIA 合同条件等。这些国际工程承包合同示范文本内容全面,多包括合同协议书、投标书、中标函、合同条件、技术规范、图纸、工程量表等多个文件。这些范本还在不断地修订和完善中,可供我们学习和借鉴。

(3)国际工程承包合同管理是工程项目管理的核心。国际工程承包合同从前期准备、招投标、谈判、修改、签订到实施,都是国际工程中十分重要的环节。合同有关任何一方都不能粗心大意,只有订立好一个完善的合同才能保证项目的顺利实施。

综上所述,合同的制定和管理是搞好国际工程承包项目的关键,工程承包项目管理包括进度管理、质量管理和成本管理,而这些管理均是以合同要求和规定为依据的。项目任何一方都应配备专门人员认真研究合同,做好合同管理工作,以满足国际工程项目管理的需要。

2. 合同、惯例与法律的相互关系

(1)法律是合同签订的必要依据。当事人的合同行为必须遵照国家法律、法规和政策规定。合同内容必须合法。只有这样,合同才能受到国家法律的承认和保护;否则,合同行为将按无效合同认定和处理。如果合同行为是违法的,不仅不能达到预期的合同效益,过错者还要承担法律后果,情节严重的还要被追究法律责任。因此法律的强制力、约束力是合同签订过程中必须加以考虑的因素。

(2)国际惯例与合同条款之间存在解释与被解释、补充与被补充的关系。国际惯例可明示或默示地约束合同当事人,可以解释或补充合同条款之不足。合同条款可以明示地排除国际惯例的适用:合同条款可以明示地接受、修改、排除一项国际惯例,二者发生矛盾时,以合同条款为准。

(3)国际惯例在一定条件下具有法律效力。当国家法律以明示或默示方式承认惯例可以产生法律效益,或国际惯例与法律不相抵触(即法律、国家参与或缔结的条约对某一事项无具体规定时)以及不违背一国的社会公众利益,且不与合同明示条款相冲突时,惯例可以填补法律空缺,才可获得法律效力。国际惯例不是法律的组成部分,国际惯例部分或全部内容在被吸收为制定法律或国际条约之后,对于该法律的制定国或参与国际条约的国家而言,该国际惯例不复存在。

3. 国际工程合同的法律基础

(1)国际工程合同适用的国际法律

① 国际公法

国际公法,亦称国际法,主要是国家之间的法律,它是主要调整国家之间关系的有法律拘束力的原则、规则和规章、制度的总体。

在当今世界上,存在着 190 多个国家和数百个国际组织,随着它们之间的交往将产生相互承认:领土、领海、领空的归属;公海和南、北极的法律地位;居民国籍的认定和在别国的地位和外交使、领馆的建立及其享有的特权;相互争端的解决等一系列必须调整的关系。调整这些关系的原则、规则和规章制度即为国际法,而这些关系都是国家间的"公"的关系,所以国际法又称为国际公法。

② 国际私法

国际交往中所产生的涉外民事法律关系,如物权、债权、知识产权、婚姻、家庭、继承等法律关系,都属于私人之间关系,则由国际私法及国际经济法来加以调整。

国际私法主要是通过冲突规范来间接调整涉外民事法律关系,即通过冲突规范来确定适用哪一国的法律从而进一步确定当事人权利和义务的。其调整对象是涉外民事法律关系,一般不包括国家、国际组织之间的经济关系。

③ 国际经济法

国际经济法是调整不同国家和国际经济组织及不同国家的个人和法人之间经济关系的法律规范的总称。它是一个独立的、综合的、新兴的法律部门。它是随着国际经济关系的发展,为建立各国在国际经济贸易活动中的经济秩序而产生和发展的。国际经济法既调整个人与法人间的经济关系,也调整国家及国际经济组织之间的经济关系。

(2)公法范畴内的工程所在国的相关法律

本书以美国为例,阐述公法范畴内的工程所在国的相关法律。

① 美国司法管辖及适用法律

美国法院分为联邦系统和州系统,联邦和州法院系统均有三个层次:地区法庭、上诉法庭和最高法院。联邦法院与各州法院的司法管辖权分工与宪法规定的联邦和各州分权的原则是一致的,除宪法直接规定或国会根据宪法授予的权力规定的联邦法院的案件管辖范围外,其他案件由州法院管辖。联邦系统法院管辖的案件主要包括:涉及外国政府代理人的案件,公海上和国内供对外贸易、州际商业之间的通航水域案件,不同州之间或不同州公民、本国公民与外国人之间的案件,联邦其他法院移送的案件,以及原属联邦与州双重管辖而双方当事人自愿转交联邦法院审理的案件。

在适用法律方面,目前形成的原则是:联邦法院在审理涉及联邦问题的案件时适用联邦法;在审理不同州公民之间的案件时,适用联邦法院所在州的法律,但在涉及宪法规定的州际商业条款(如交通、劳工关系方面的法律),以及一些特别重要的需要建立全国统一法律的问题时,将适用联邦法律。各州法院在审理案件时,大多数情况下适用该州的法律,但在审理某些案件时也可能要适用联邦法或者其他州的法律。

② 与建设工程合同管理相关的法律

美国没有专门的成文合同法,合同法规主要分布在商法典、民法典中。美国法律中与建设工程合同管理相关最为密切的当属《统一商法典》及《合同法重述》。《统一商法典》由美国法学会和美国统一州法全国委员会共同制订,属于示范法,只有被各州采纳才具有法律效力。到 20 世纪 60 年代初,已经被 50 个州中的 49 个州采纳,并宣布成为法律;剩下路易丝安娜州实行的是成文法,也具有美国《统一商法典》中的多数内容。《合同法重述》是关于合同的基本原则和规则的概要,它不是一项立法。《合同法重述》的编制工作由美国法学会开展,《合同法重述》的起草人不能脱离判例阐述个人的看法,只能"重述"有关合同判例的规则。遇到相互冲突的判例规则时,起草人可以选择其一,起草人也可以重述少数成文法的内容。《合同法重述》到目前为止发布过三次,第一次是在 1933 年,第二次是在 1979 年,第三次是在 1995 年。《合同法重述》虽然没有法律效力,但是法官们经常援引,作为判案的指导。

其他相关的法律法规还有反垄断的《克莱顿法》《谢尔曼法》,反价格歧视的《罗宾逊-帕特曼法》等。

③ 建筑技术标准及规范

建筑技术标准及规范中,影响最大的当属《统一建筑法规》(Uniform Building Code, UBC)。该法规由国际建筑工作者联合会、国际卫生工程、机械工程工作者协会和国际电气检查人员协会联合制定;该法规本身不具有法律效力,各州、市、县都可以根据本地的实际情况对其进行修改和补充;当建筑物在建造和使用过程中出现问题时,《统一建筑法规》是进行调解、仲裁和诉讼判决的重要依据。

《统一建筑法规》的主要内容包括:建筑管理、建筑物的使用和占有、一般的建筑限制、建造类型、防火材料及防火系统、出口设计、内部环境、能源储备、外部墙面、房屋结构、结构负荷、结构实验及检查、基础和承重墙、水泥、玻璃、钢材、木材、塑料、轻重金属、电力管线设备和系统、管道系统、电梯系统等方面的标准和管理规定。

二、国际工程通用的合同条件

中国加入世界贸易组织后,建筑市场也逐步向国际承建商开放,而中国的建筑企业亦会越来越多地参与海外建筑市场的项目。因此,国际工程通用的合同条件将会更加广泛地被中国建筑企业采用。国际咨询工程师联合会会(FIDIC)红皮书、黄皮书、橙皮书和银皮书,美国建筑师学会制订发布的"AIA 系列合同条件",英国土木工程师学会编制的"ICE 合同条件"通常用于世界各国的国际工程承包领域。

1. FIDIC 合同条件

(1)FIDIC 合同条件概述

① FIDIC 简介

FIDIC 是 国 际 咨 询 工 程 师 联 合 会 (Fédération Internationale Des Ingénieurs-Conseils)的简称。

该联合会是被世界银行和其他国际金融组织认可的国际咨询服务机构。总部设在瑞士洛桑,下设四个地区成员协会:亚洲及太平洋地区成员协会(ASPAC)、欧洲共同体成员(CEDIC)、亚非洲成员协会集团(CAMA)、北欧成员协会集团(RINORD)。

FIDIC 目前已发展到世界各地 100 多个国家和地区,成为全世界最权威的工程师组织。FIDIC 下设许多专业委员会,各专业委员会编制了用于国际工程承包合同的许多规范性文件,被 FIDIC 成员方广泛采用,并被 FIDIC 成员方的雇主、工程师和承包商所熟悉,现已发展成为国际公认的标准范本,在国际上被广泛采用。

② FIDIC 合同条件

FIDIC 合同条件(FIDIC 土木工程施工合同条件)就是国际上公认的标准合同范本之一。FIDIC 合同条件由于其科学性和公正性而被许多国家的雇主和承包商接受,又被一些国家政府和国际性金融组织认可,因而又被称作国际通用合同条件。FIDIC 合同条件是由国际工程师联合会(FIDIC)和欧洲建筑工程委员会在英国土木工程师学会编制的合同条件(即 ICE 合同条件)基础上制定的。

FIDIC 合同条件有如下几类:一是雇主与承包商之间的缔约,即《FIDIC 土木工程施工合同条件》,因其封皮呈红色而取名"红皮书",有 1957、1969、1977、1987、1999、2017 年六个版本,1999 年起新版"红皮书"与前几个版本在结构、内容方面有较大的不同。二是雇主与咨询工程师之间的缔约,即《FIDIC 咨询工程师服务协议书标准条款》,因其封面呈银白色而被称为"白皮书",最近版本是 2017 年版,1990 年起它将此前三个相互独立又相互补充的范本 IGRA - 1979 - D&S、IGRA - 1979 - PI、IGRA - 1980 - PM 合而为一。三是雇主与电气/机械承包商之间的缔约,即《FIDIC 电气与机械工程合同条件》,因其封面呈黄色而得名"黄皮书",1963 年出了第一版"黄皮书",1977、1987、1999 年出了三个新版本,最新的"黄皮书"版本是 2017 年版。四是其他合同,如为总承包商与分包商与分包商之间缔约提供的范本《FIDIC 土木工程施工分包合同条件》,为投资额较小的项目雇主与承包商提供的《简明合同格式》,为"交钥匙"项目而提供的《EPC 合同条件》。上述合同条件中,"红皮书"的影响尤甚,素有"土木工程合同的圣经"之誉。

(2)FIDIC 建设工程施工合同主要内容

FIDIC 建设工程施工合同主要分为七大类条款。

1)一般性条款。一般性条款包括下述内容:①招标程序。招标程序包括合同条件、规范、图纸、工程量表、投标书、投标人须知、评标、授予合同、合同协议、程序流程图、合同各方、监理工程师等。②合同文件中的名词定义及解释。③工程师及工程师代表和他们各自的职责与权力。④合同文件的组成、优先顺序和有关图纸的规定。⑤招投标及履约期间的通知形式与发往地址。⑥有关证书的要求。⑦合同使用语言。⑧合同协议书。

2)法律条款。法律条款主要涉及:合同适用法律;劳务人员及职员的聘用、工资标准、食宿条件和社会保险等方面的法规;合同的争议、仲裁和工程师的裁决;解除履约;保密要求;防止行贿;设备进口及再出口;强制保险;专利权及特许权;合同的转让与工程分包;税收;提前竣工与延误工期;施工用材料的采购地等内容。

3)商务条款。商务条款是指与承包工程的一切财务、财产所有权密切相关的条款,主要包括:承包商的设备、临时工程和材料的归属、重新归属及撤离;设备材料的保管及损坏或损失责任;设备的租用条件;暂定金额;支付条款;预付款的支付与扣回;保函,包括投标保函、预付款保函、履约保函等;合同终止时的工程及材料估价;解除履约时的付款;合同终止时的付款;提前竣工奖金的计算;误期罚款的计算;费用的增减条款;价格调整条款;支付的货币种类及比例;汇率及保值条款。

4)技术条款。技术条款是针对承包工程的施工质量要求、材料检验及施工监督、检验测量及验收等环节而设立的条款,包括:对承包商的设施要求;施工应遵循的规范;现场作业和施工方法;现场视察;资料的查阅;投标书的完备性;施工制约;工程进度;放线要求;钻孔与勘探开挖;安全、保卫与环境保护;工地的照管;材料或工程设备的运输;保持现场的整洁;材料、设备的质量要求及检验;检查及检验的日期与检验费用的负担;工程覆盖前的检查;工程覆盖后的检查;进度控制;缺陷维修;工程量的计量和测量方法;紧急补救工作。

5)权利与义务条款。权利与义务条款包括承包商、业主和监理工程师三者的权利和义务：

① 承包商的权利。承包商的权利包括：有权得到提前竣工奖金；收款权；索赔权；因工程变更超过合同规定的限值而享有补偿权；暂停施工或延缓工程进度速度；停工或终止受雇；不承担业主的风险；反对或拒不接受指定的分包商；特定情况下的合同转让与工程分包；特定情况下有权要求延长工期；特定情况下有权要求补偿损失；有权要求进行合同价格调整；有权要求工程师书面确认口头指示；有权反对业主随意更换监理工程师。

② 承包商的义务。承包商的义务包括：遵守合同文件规定，保质保量、按时完成工程任务，并负责保修期内的各种维修；提交各种要求的担保；遵守各项投标规定；提交工程进度计划；提交现金流量估算；负责工地的安全和材料的看管；对由承包商负责完成的设计图纸中的任何错误和遗漏负责；遵守有关法规；为其他承包商提供机会和方便；保持现场整洁；保证施工人员的安全和健康；执行工程师的指令；向业主偿付应付款项（包括归还预付款）；承担第三国的风险；为业主保守机密；按时缴纳税金；按时投保各种强制险；按时参加各种检查和验收。

③ 业主的权利。业主有权不接受最低标；有权指定分包商，在一定条件下可直接付款给指定的分包商；有权决定工程暂停或复工；在承包商违约时，业主有权接管工程或没收各种保函或保证金；有权决定在一定的幅度内增减工程量；不承担承包商因发生在工程所在国以外的任何地方的不可抗力事件所遭受的损失（因炮弹、导弹等所造成的损失例外）；有权拒绝承包商分包或转让工程（应有充足理由）。

④ 业主的义务。向承包商提供完整、准确、可靠的信息资料和图纸，并对这些资料的准确性负完全的责任；承担由业主风险所产生的损失或损坏；确保承包商免于承担属于承包商义务以外情况的一切索赔、诉讼，如损害赔偿费、诉讼费、指控费及其他费用；在多家独立的承包商受雇于同一工程或属于分阶段移交的工程情况下，业主负责办理保险；按时支付承包商应得的款项，包括预付款；为承包商办理各种许可，如现场占用许可、道路通行许可、材料设备进口许可，劳务进口许可等；承担疏浚工程竣工移交后的任何调查费用；支付超过一定限度的工程变更所导致的费用增加部分；承担在工程所在国发生的特殊风险以及任何其他地区因炮弹、导弹对承包商造成的损失的赔偿和补偿；承担因后继法规所导致的工程费用增加额。

⑤ 监理工程师的权利。监理工程师可以行使合同规定的或合同中必然隐含的权利，主要有：有权拒绝承包商的代表；有权要求承包商撤走不称职人员；有权决定工程量的增减及相关费用；有权决定增加工程成本或延长工期；有权确定费率；有权下达开工令、停工令、复工令（因业主违约而导致承包商停工情况除外）；有权对工程的各个阶段进行检查，包括已掩埋覆盖的隐蔽工程；如果发现施工不合格情况，监理工程师有权要求承包商如期修复缺陷或拒绝验收工程；承包商的设备、材料必须经监理工程师检查，监理工程师有权拒绝接受不符合规定标准的材料和设备；在紧急情况下，监理工程师有权要求承包商采取紧急措施；审核批准承包商的工程报表的权利属于监理工程师，付款证书由监理工程师开出；当业主与承包商发生争端时，监理工程师有权裁决，虽然其决定不是最终的。

⑥监理工程师的义务。监理工程师作为业主聘用的工程技术负责人,除了必须履行其与业主签订的服务协议书中规定的义务外,还必须履行其作为承包商的工程监理人而尽的职责,FIDIC条款针对监理工程师在建筑与安装施工合同中的职责规定了以下义务:必须根据服务协议书委托的权力进行工作;行为必须公正,处事公平合理,不能偏听偏信;应虚心听取业主和承包商两方面的意见,基于事实做出决定;发出的指示应该是书面的,特殊情况下来不及发出书面指示时,可以发出口头指示,但随后以书面形式予以确认;应认真履行职责,应根据承包商的要求及时对已完工程进行检查或验收,对承包商的工程报表及时进行审核;应及时审核承包商在履约期间所做的各种记录,特别是承包商提交的作为索赔依据的各种材料;应实事求是地确定工程费用的增减与工期的延长或压缩;如因技术问题需同分包商打交道时,须征得总承包商同意,并将处理结果告之总承包商。

6)违约惩罚与索赔条款。违约惩罚与索赔是FIDIC条款中的一项重要内容,也是国际承包工程得以圆满实施的有效手段。采用工程承发包制实施工程的效果之所以明显优于其他方法,根本原因就在于按照这种制度,当事人各方责任明确,赏罚分明。FIDIC条款中的违约条款包括两部分,即业主对承包商的惩罚措施和承包商对业主拥有的索赔权。

惩罚措施因承包商违约或履约不力,业主可采取以下惩罚措施:①没收有关保函或保证金;②误期罚款;③由业主接管工程并终止对承包商的雇用。

索赔条款:索赔条款是承包商享有的因业主履约不力或违约,或因意外因素(包括不可抗力情况)蒙受损失(时间和款项)而向业主要求赔偿或补偿权利的契约性条款。这方面的条款包括:①索赔的前提条件或索赔动因;②索赔程序、索赔通知、同期记录、索赔的依据、索赔的时效和索赔款项的支付等。

7)附件和补充条款。FIDIC条款还规定了作为招标文件的文件内容和格式,以及在各种具体合同中可能出现的补充条款。

附件条款:附件条款包括投标书及其附件、合同协议书。

补充条款:补充条款包括防止贿赂要求,保密要求,支出限制,联合承包情况下的各承包人的各自责任及连带责任,关税和税收的特别规定等五个方面内容。

(3)FIDIC合同在中国的应用

随着我国企业参与国际工程承发包市场进程的深入,越来越多的建设项目,特别是业主为外商的建设项目中,开始选择适用FIDIC合同文本。中国的建筑施工企业开始被迫地接触这上百页合同文本中的工程师、投标保函、履约保函、业主支付保函、预付款保函、工程保险、接收证书、缺陷责任期等国际工程建设的新概念。从北京城建集团接触第一个FIDIC合同文本开始,该合同文本逐步在越来越多的工程建设中得到推广和使用,并与我国建筑市场改革开放相对接,对中国的建设体制产生影响和冲击。最典型的体现就是《建设工程施工合同》1999年建设部示范文本,抛弃了多年来沿用的模式,变为和FIDIC框架一致的通用条款与专用条款,并采用工程师,而2013年7月1日起开始实施的《建设工程工程量清单计价规范》,更是对旧的量价合一的造价体系的告别。中国的建设市场正在大踏步地和国际建设市场融为一体。

FIDIC 合同强调"工程师"的作用,提倡对"工程师"进行充分授权,让其"独立公正地"工作。目前,建设单位对作为"工程师"的第三方——工程咨询/监理方信任不够充分,对"工程师"往往授权不足,多方掣肘,这使得 FIDIC 合同条款的特色难以发挥。此外,在脱胎于 FIDIC 合同机制的我国建设监理制度下,我国的监理工程师难以发挥FIDIC 条件下的"工程师"作用。

采用工程量清单进行计价和结算,是 FIDIC 合同的另一重大特色,自 2013 年 7 月 1日起,我国工程项目采用工程量清单的法律障碍并不存在,但技术和管理方面的障碍仍十分突出。

FIDIC 合同下的风险分担及保险安排有其特点,相对来说也比较公平,在我国公众保险意识相对淡薄,保险市场尚不发达的情况下,建设单位往往不恰当地限制自己的风险,并将有关风险强加给承包商。

在 FIDIC 合同下,工程担保是很重要的,涉及投标保函、履约保函、取舍款保函、工程保留金保函、免税进口材料物资及税收保函、工程款支付保函,内地工程项目较常涉及的是投标保函、履约保函。在工程担保上,目前问题比较突出的是担保不平衡。从长远角度看,这种不平衡将妨碍建设市场的健康发展。

在 FIDIC 条款下,承包商的工程款受偿比较有保障,目前的问题在于,建设单位经常将 FIDIC 合同条款通用条件有关工程款支付的安排悉数推翻,代之以极具中国特色的拖欠工程款相关内容。如今,高达数千万元的巨额工程拖欠款已成为施工企业和政府主管部门的一大心病。

新版 FIDIC 合同中不可抗力条款与中国法律中有关不可抗力的规定基本上不存在冲突。由于中国法律中有关不可抗力的规定比较笼统,为在中国适用 FIDIC 合同的当事人自行约定留下了充足的空间。尽管 FIDIC 合同通用条件中不可抗力条款约定得较为明确,但在中国适用时仍然有必要做适当修改。在不违反中国法律的情况下,中国企业在采用 FIDIC 施工合同条件时,可以在合同通用条件第 19 条的基础上更加详细、明确地约定不可抗力条款。

2. 美国 AIA 系列合同条件

AIA 是美国建筑师协会(The American Institute of Architects)的简称。该协会作为建筑师的专业社团已经有 160 余年的历史,成员总数超过 90000 名,遍布美国及全世界。AIA 出版的系列合同文件在美国建筑业界及国际工程承包界,特别在美洲地区具有较高的权威性,应用广泛。

AIA 系列合同文件分为 A、B、C、D、G 等系列。其中 A 系列是用于业主与承包商的标准合同文件,不仅包括合同条件,还包括承包商资格申报表,保证标准格式;B 系列主要用于业主与建筑师之间的标准合同文件,其中包括专门用于建筑设计、室内装修工程等特定情况的标准合同文件;C 系列主要用于建筑师与专业咨询机构之间的标准合同文件;D 系列是建筑师行业内部使用的文件;G 系列是建筑师企业及项目管理中使用的文件。

AIA 系列合同文件的核心是"一般条件"(A201)。采用不同的工程项目管理模式及不同的计价方式时,只需选用不同的"协议书格式"与"一般条件"即可。如 AIA 文件

A101 与 A201 一同使用,构成完整的法律性文件,适用于大部分以固定总价方式支付的工程项目。再如 AIA 文件 A111 和 A201 一同使用,构成完整的法律性文件,适用于大部分以成本补偿方式支付的工程项目。

AIA 文件 A201 作为施工合同的实质内容,规定了业主、承包商之间的权利、义务及建筑师的职责和权限。该文件通常与其他 AIA 文件共同使用,因此被称为"基本文件"。

2017 年版的 AIA 文件 A201《施工合同通用条件》,主要内容包括:业主、承包商的权利与义务;建筑师与建筑师的合同管理;索赔与争议的解决;工程变更;工期;工程款的支付;保险与保函;工程检查与更正条款等。

3. 英国 ICE 合同条件

ICE 是英国土木工程师协会(The Institution of Civil Engineers)的简称。该协会是设于英国的国际性组织,拥有会员 9 万多名,其中 1/5 分布在英国以外的 150 多个国家和地区。该学会已有 200 年的历史,已成为世界公认的学术中心、资质评定组织及专业代表机构。ICE 在土木工程建设合同方面具有高度的权威性,它编制的土木工程合同条件在土木工程具有广泛的应用。

2001 年 8 月第七版的《ICE 合同条件(土木工程施工)》,主要内容包括:工程师及工程师代表;转让与分包;合同文件;承包商的一般义务;保险;工艺与材料质量的检查;开工,延期与暂停;变更、增加与删除;材料及承包商设备的所有权;计量;证书与支付;争端的解决;特殊用途条款;投标书格式等。此外 IEC 合同条件的最后也附有投标书格式、投标书格式附件、协议书格式、履约保证等文件。

4. 亚洲地区使用的合同

(1)中国香港地区使用的合同

在中国香港,政府投资工程主要有两个标准合同文本,即香港政府土木工程标准合同和香港政府建筑工程标准合同。这两种标准合同的主要内容有:承包商的责任和义务;材料和工艺要求;合同期限和延期规定;维护期和工程缺陷;工程变化量和价值的计量;期中付款;违约责任;争议的解决。这两种合同都规定,承包商在某些情况下(如天气恶劣、工程量大幅度增加等),可申请延长工期,在获批准后有权要求政府给予费用上的补偿。而私人投资工程则采用英国皇家特许测量师学会(香港分会)的标准合同。该合同除有明确的通用条款外,还有些根据法院诉讼经验而订立的默示条款(如甲方需与承包商合作,在不影响按期完工的前提下,为承建商准备好主要合同工程的场地,以便其安装设备;甲方不得阻止或干涉承建商按合同规定进行的施工等)。这些条款暗中给予承包商一种权利,使之在甲方违约的情况下可以索赔。

(2)日本的建设工程承包合同

日本的建设工程承包合同的内容规定在《日本建设业法》中。该法的第三章"建设工程承包合同"规定,建设工程承包合同包括以下内容:工程内容;承包价款数额及支付;工程及工期变更的经济损失的计算方法;工程交工日期及工程完工后承包价款的支付日期和方法;当事人之间合同纠纷的解决方法等。

(3)韩国的建设工程合同

韩国的建设工程承包合同的内容也规定在国家颁布的法律即《韩国建设业法》(1994

年1月7日颁布实施)中。该法第三章"承包合同"规定承包合同有以下内容：建设工程承包的限制；承包额的核定；承包资格限制的禁止；概算限制；建设工程承包合同的原则；承包人的质量保障责任；分包的限制；分包人的地位，分包的价款的支付，分包人的变更的要求；工程的检查和交接等。

以上几种合同都是在某一国家(或地区)或某几个国家和地区使用的。除此之外，还有一种在国际工程承包市场上广泛使用的合同条件，即FIDIC合同条件。

本章小结

本章介绍了国际工程招标投标的方式、程序，招标文件的编制，投标文件的编制等。

国际工程招标方式包括国际竞争性招标(又称国际公开招标)、国际有限招标、两阶段招标和议标(又称邀请协商)。国际竞争性招标指在国际范围内，采取公平竞争方式，定标时按事先规定的原则，对所有具备要求资格的投标商一视同仁，根据其投标报价及评标的所有依据进行评标、定标。国际有限招标是一种有限竞争招标，它有其局限性，即投标人选有一定的限制，不是任何对发包项目有兴趣的承包商都有资格投标。两阶段招标实质上是国际竞争性招标和国际有限招标相结合的方式。第一阶段按公开招标方式招标，经过开标和评标后，再邀请其中报价较低的或较合格的3～4家投标人进行第二次投标报价。议标亦称邀请协商，是由发包人物色一家承包商直接进行合同谈判。

国际工程招标投标程序，可以分为三大步骤：对投标者的资格预审；投标者得到招标文件和递交投标文件；开标、评标、合同谈判和签订合同。

复习思考题

1. 简述国际工程招标程序。
2. 资格预审文件的主要内容是什么？
3. 国际工程招标文件包含哪些主要内容？

第七章　建设工程合同概述

【学习要点】

通过本章教学,使学生了解建设工程合同的概念及特征、建设工程合同的主要内容;熟悉建设工程施工合同的概念;掌握建设工程施工合同示范文本;了解建设工程施工合同的质量条款、经济条款和进度条款。

第一节　概　　述

一、建设工程合同的概念及特征

1. 建设工程合同的概念

根据《中华人民共和国合同法》第二百六十九条规定,建设工程合同是指承包人进行工程建设,发包人支付价款的合同。建设工程合同包括工程勘察合同、设计合同、施工合同。建设工程实行监理的,发包人也应与监理人订立委托监理合同。

建设工程合同是一种诺成合同,合同订立生效后双方应当严格履行。同时建设工程合同也是一种双务、有偿合同,当事人双方在合同中都有各自的权利和义务,在享有权利的同时必须履行义务。建设工程合同的双方当事人分别称为承包人和发包人。"承包人",是指在建设工程合同中负责工程的勘察、设计、施工任务的一方当事人,承包人最主要的义务是进行工程建设,即进行工程的勘察、设计、施工等工作。"发包人",是指在建设工程合同中委托承包人进行工程的勘察、设计、施工任务的建设单位(或业主、项目法人),发包人最主要的义务是向承包人支付相应的价款。

由于建设工程合同涉及的工程量通常较大,履行周期长,当事人的权利、义务关系复杂,因此,《中华人民共和国合同法》第二百七十条明确规定,建设工程合同应当采用书面形式。

2. 建设工程合同的特征

(1)合同主体的严格性

建设工程的主体一般只能是法人,发包人、承包人必须具备一定的资格,才能成为建设工程合同的合法当事人,否则,建设工程合同可能因主体不合格而导致无效。发包人对需要建设的工程,应经过计划管理部门审批,落实投资计划,并且应当具备相应的协调能力。承包人是有资格从事工程建设的企业,而且应当具备相应的勘察、设计、施工等资质,没有资格证书的,一律不得擅自从事工程勘察、设计业务;资质等级低的,不能越级承包工程。

（2）形式和程序的严格性

一般合同当事人就合同条款达成一致，合同即告成立。不必一律采用书面形式。建设工程合同，履行期限长，工作环节多，涉及面广，应当采取书面形式，双方权利、义务应通过书面合同形式予以确定。此外由于工程建设对于国家经济发展、公民工作生活有重大影响，国家对建设工程的投资和程序有严格的管理程序，建设工程合同的订立和履行也必须遵守国家关于基本建设程序的规定。

（3）合同标的的特殊性

建设工程合同的标的是各类建筑产品，建设产品是不动产，与地基相连，不能移动，这就决定的了每项工程的合同的标的物都是特殊的，相互间不同并且不可替代。另外，建筑产品的类别庞杂，其外观、结构、使用目的、使用人都各不相同，这就要求每一个建筑产品都需单独设计和施工，建筑产品单体性生产也决定了建设工程合同标的的特殊性。

（4）合同履行的长期性

建设工程由于结构复杂、体积大、建筑材料类型多、工作量大，使得合同履行期限都较长。而且，建设工程合同的订立和履行一般都需要较长的准备期，在合同的履行过程中，还可能因为不可抗力、工程变更、材料供应不及时等原因而导致合同期限顺延。所有这些情况，决定了建设工程合同的履行期限具有长期性。

二、建设工程合同的主要内容

1. 建设工程合同的主体

发包人、承包人是建设工程合同的当事人。发包人、承包人必须具备一定的资格，才能成为建设工程合同的合法当事人，否则，建设工程合同可能因主体不合格而导致无效。

（1）发包人主体资格

发包人有时也称发包单位、建设单位、业主或项目法人。发包人的主体资格也就是进行工程发包并签订建设工程合同的主体资格。

《招标投标法》第九条规定："招标人应当有进行招标项目的相应资金或者资金来源已经落实，并应当在招标文件中如实载明。"这就要求发包人有支付工程价款的能力。《招标投标法》第十二条规定："招标人具有编制招标文件和组织评标能力的，可以自行进行办理招标事宜。"综上所述，发包人进行工程发包应当具备下列基本条件：

① 应当具有相应的民事权利能力和民事行为能力；

② 实行招标发包的，应当具有编制招标文件和组织评标的能力或者委托招标代理机构代理招标事宜；

③ 进行招标项目的相应资金或者资金来源已经落实。

发包人的主体资格除应符合上述基本条件外，还应符合国家计委发布的《关于实行建设项目法人责任制的暂行规定》、建设部和国家工商行政管理总局所发的《建筑市场管理规定》（建法〔1991〕798号）、建设部印发的《工程项目建设单位管理暂行办法》（建建〔1997〕123号）的具体规定；当建设单位为房地产开发企业时，还应符合《房地产开发企业资质管理规定》(2000年3月29日建设部令第77号发布)。

(2)承包人的主体资格

建设工程合同的承包人分为勘察人、设计人、施工人。对于建设工程承包人,我国实行严格的市场准入制度。《中华人民共和国建筑法》第二十六条规定,承包建筑工程的单位应当持有依法取得的资质证书,并在其资质等级许可的业务范围内承揽工程。2000年1月30日国务院令第279号发布的《建设工程质量管理条例》第十八条规定,从事建设工程勘察、设计的单位应当依法取得相应等级的资质证书,并在其资质等级许可的范围内承揽工程;第二十五条规定,施工单位应当依法取得相应等级的资质证书,并在其资质等级许可的范围内承揽工程。

关于建设工程勘察、设计、施工单位的资质等级,建设部已经分别颁布了《建设工程勘察设计企业资质管理规定》(2001年7月25日建设部令第93号发布)、《建筑业企业资质管理规定》(2001年4月18日建设部令第87号发布)予以规范。

2. 建设工程合同的基本条款

建设工程合同应当具备一般合同的条款,如发包人、承包人的名称和住所、标的、数量、质量、价款、履行方式、地点、期限;违约责任、解决争议的方法等。由于建设工程合同标的的特殊性,法律还对建设工程合同中某些内容做出了特别规定,这些规定构成了建设工程合同中不可缺少的条款。

(1)勘察、设计合同的基本条款

为了规范勘察设计合同,《中华人民共和国合同法》第二百七十四条规定:勘察、设计合同的内容包括提交有关基础资料和文件(包括概预算)的期限、质量要求、费用以及其他协作条件等条款。

① 提交有关基础资料和文件(包括概预算)的期限

这是对勘察人、设计人提交勘察、设计成果时间上的要求。当事人之间应当根据勘察、设计的内容和工作难度确定提交工作成果的期限。勘察人、设计人必须在此期限内完成并向发包人提交工作成果。超过这一期限的,应当承担违约责任。

② 勘察或设计的质量要求

这是此类合同中最为重要的合同条款,也是勘察人或设计人所应承担的最重要的义务。勘察人或设计人应当对没有达到合同约定质量的勘察或设计方案承担违约责任。

③ 勘察或设计费用

这是勘察或设计合同中的发包人所应承担的最重要的义务。勘察设计费用的具体标准和计算办法应当按《工程勘察收费标准》《工程设计收费标准》的规定执行。

④ 其他协作条件

除上述条款外,当事人之间还可以在合同中约定其他协作条件。至于这些协作条件的具体内容,应当根据具体情况来认定。如发包人提供资料的期限,现场必要的工作和生活条件,设计的阶段、进度和设计文件份数等。

(2)建设施工合同的基本条款

《中华人民共和国合同法》第二百七十五条规定,施工合同的内容包括工程范围、建设工期、中间交工工程的开工和竣工时间、工程质量、工程造价、技术资料交付时间、材料和设备供应责任、拨款和结算、竣工验收、质量保修范围和质量保证期、双方相互协作等条款。

① 工程范围

当事人应在合同中附上工程项目一览表及其工程量,主要包括建筑栋数、结构、层数、资金来源、投资总额以及工程的批准文号等。

② 建设工期

即全部建设工程的开工和竣工日期。

③ 中间交工工程的开工和竣工日期

所谓中间交工工程,是指需要在全部工程完成期限之前完工的工程。对中间交工工程的开工和竣工日期,也应当在合同中做出明确约定。

④ 工程质量

建设项目必须做到质量第一,因此这是最重要的条款。发包人、承包人必须遵守《建设工程质量管理条例》的有关规定,保证工程质量符合工程建设强制性标准。

⑤ 工程造价

工程造价,或称作工程价格,由成本(直接成本、间接成本)、利润(酬金)和税金构成。工程价格包括合同价款、追加合同价款和其他款项。实行招投标的工程应当通过工程所在地招标投标监督管理机构采用招投标的方式定价;对于不宜采用招投标的工程,可采用施工图预算加变更洽商的方式定价。

⑥ 技术资料交付时间

发包人应当在合同约定的时间内按时向承包人提供与本工程项目有关的全部技术资料,否则造成的工期延误或者费用增加应由发包人负责。

⑦ 材料和设备供应责任

即在工程建设过程中所需要的材料和设备由哪一方当事人负责提供,并应对材料和设备的验收程序加以约定。

⑧ 拨款和结算

即发包人向承包人拨付工程价款和结算的方式和时间。

⑨ 竣工验收

竣工验收是工程建设的最后一道程序,是全面考核设计、施工质量的关键环节,合同双方还将在该阶段进行结算。竣工验收应当根据《建设工程质量管理条例》第十六条的有关规定执行。

⑩ 质量保修范围和质量保证期

合同当事人应当根据实际情况确定合理的质量保修范围和质量保证期,但不得低于《建设工程质量管理条例》规定的最低质量保修期限。

除了上述 10 项基本合同条款以外,当事人还可以约定其他协作条款,如施工准备工作的分工、工程变更时的处理办法等。

3. 建设工程合同的形式

建设工程合同具有标的额大、履行时间长、不能及时清结等特点,因此应当采用书面形式。对有些建设工程合同,国家有关部门制定了统一的示范文本,订立合同时可以参照相应的示范文本。合同的示范文本,实际上就是含有格式条款的合同文本。采用示范文本或其他书面形式订立的建设工程合同,在组成上并不是单一的,凡能体现招标人与中标人协商一致协议内容的文字材料,包括各种文书、电报、图表等,均为建设工程合同文件。订立建设工程合同时,应当注意明确合同文件的组成及其解释顺序。

采用合同书(包括确认书)形式订立合同的,自双方当事人签字或者盖章时合同成立。签字或盖章不在同一时间的,最后签字或盖章时合同成立。

建设工程合同文件,一般包括以下几个组成部分:

(1)合同协议书;

(2)中标通知书;

(3)投标书及其附件;

(4)合同通用条款;

(5)合同专用条款;

(6)洽商、变更等明确双方权利义务的纪要、协议;

(7)工程量清单、工程报价单或工程预算书、图纸;

(8)标准、规范和其他有关技术资料、技术要求。

建设工程合同的所有合同文件,应能互相解释,互为说明,保持一致。当事人对合同条款的理解有争议的,应按照合同所使用的词句、合同的有关条款、合同的目的、交易习惯以及诚实信用原则,确定该条款的真实意思。合同文本采用两种以上的文字订立并约定具有同等效力的,对各文本使用的词句推定应具有相同含义。各文本使用的词句不一致的,应当根据合同的目的予以解释。

在工程实践中,当发现合同文件出现含糊不清或不一致的情形时,通常按合同文件的优先顺序进行解释。合同文件的优先顺序,应按合同条件中的规定确定,即排在前面的合同文件比排在后面的更具有权威性,双方另有约定的除外。因此,在订立建设工程合同时对合同文件最好按其优先顺序排列。《建设工程施工合同(示范文本)》(GF—1999—0201)第二条就是关于合同文件及解释顺序的。

4. 无效建设工程合同的认定

无效建设工程合同是指虽由发包方与承包方订立,因违反法律规定而没有法律约束力,国家不予承认和保护,甚至对违法当事人进行制裁的建设工程合同。具体而言,建设工程合同属下列情况之一的,合同无效。

(1)没有经营资格而签订的合同。没有经营资格是指没有从事建筑经营活动的资格。根据企业登记管理的有关规定,企业法人或者其他经济组织应当在经依法核准的经营范围内从事经营活动。《建筑市场管理规定》第十四条规定"承包工程勘察、设计、施工和建筑构配件、非标准设备加工生产的单位(以下统称承包方),必须持有营业执照、资质证书或产品生产许可证、开户银行资信证等证件,方准开展承包业务",对从事建设工程承包业务的企业明确提出了必须具备相应资质条件的要求。

(2)超越资质等级所订立的合同。《工程勘察和设计单位资格管理办法》和《工程勘察设计单位登记管理暂行办法》规定,工程勘察设计单位的资质等级分为甲、乙、丙、丁四级,不同资质等级的勘察设计单位承揽业务的范围有严格的区别;而根据《建筑业企业资质管理规定》,建筑安装企业应当按照建筑业企业资质证书所核定的承包工程范围从事工程承包活动,无建筑业企业资质证书,避开或擅自超越建筑业企业资质证书所核定的承包工程范围从事承包活动的,由工程所在地县级以上人民政府建设行政主管部门给予警告、停工的处罚,并可处以罚款。

(3)跨越省级行政区域承揽工程,但未办理审批许可手续而订立的合同。根据《建筑市场管理规定》第十五条的规定,跨省、自治区、直辖市承包工程或者分包工程,提供劳务的施工企业,应当持单位所在地省、自治区、直辖市人民政府建设行政主管部门或者国务院有关主管部门出具的外出承包工程的证明和资质等级证书等证件,向工程所在地的省、自治区、直辖市人民政府建设行政主管部门办理核准手续,并到工商行政等机关办理有关手续。勘察、设计单位跨省承揽任务的,应依照《全国工程勘察、设计单位资格认证管理办法》的有关规定办理类似许可手续。一些省、自治区、直辖市对外地企业到其行政区域内承揽工程,也有明确规定。

(4)违反国家、部门或地方基本建设计划的合同。建设工程承包合同的显著特点之一就是合同的标的具有计划性,即工程项目的建设大多数必须经过国家、部门或者地方的批准。《建设工程施工合同管理办法》规定,工程项目已经列入年度建设计划,方可签订合同。

(5)未取得建设工程规划许可证或者违反建设工程规划许可证的规定进行建设,严重影响城市规划的合同。建设工程规划许可证是新建、扩建、改建建筑物、构筑物和其他工程设施等申请办理开工许可手续的法定条件,由城市规划行政主管部门根据规划设计要求核发。没有该证或者违反该证的规定进行建设,影响城市规划但经批准尚可采取改正措施的,可维持合同的效力;严重影响城市规划的,因合同的标的系违法建筑而导致合同无效。

(6)未取得建设用地规划许可证而签订的合同。《中华人民共和国城市规划法》第三十一条规定,"在城市规划区内进行建设需要申请用地的,必须持国家批准建设项目的有关文件,向城市规划行政主管部门申请定点,由城市规划行政主管部门核定其用地位置和界限,提供规划设计条件,核发建设用地规划许可证。"取得建议用地规划许可证是申请建设用地的法定条件。无证取得用地的,属非法用地;以此为基础而进行的工程建设显然属于违法建设,因内容违法而无效。

(7)未依法取得土地使用权而签订的合同。进行工程建设,必须合法取得土地使用权。任何单位和个人没有依法取得土地使用权(如未经批准或采取欺骗手段骗取批准)进行建设的,均属非法占用土地,合同的标的——建设工程为违法建筑物,导致合同无效。实践中,如果施工承包合同订立时,发包方尚未取得土地使用证的,应区别不同情况认定合同的效力:如果发包方已经取得建设用地规划许可证,并经土地管理部门审查批准用地,只是用地手续尚未办理完毕未能取得土地使用证的,不应因发包方用地手续在形式上存在欠缺而认定合同无效;如果未经审查批准用地,则合同无效。

(8)未依法办理报建手续而签订的合同。为了有效掌握建设规模,规范工程建设实施阶段程序管理,统一工程项目报建的有关规定,达到加强建筑市场管理的目的,建设部于1994年颁布《工程建设项目报建管理办法》,实行严格的报建制度。根据《工程建设项目报建管理办法》的规定,凡未报建的工程建设项目,不得办理招标投标手续和发放施工许可证,设计、施工单位不得承接该项工程的设计和施工任务。

(9)应当办理而未办理招标投标手续所订立的合同。《建筑市场管理规定》规定,凡政府和公有制企、事业单位投资的新建、改建、扩建和技术改造的工程项目,除某些不宜招标的军事、保密等工程,以及外商投资、国内私人投资、境外个人捐资和县级以上人民政府确认的抢险、救灾等工程可以不实行招标投标以外,必须采取招标投标的方式确定施工单位。对于应实行招标投标确定施工单位及签订合同而未实行的,合同无效;如果工程尚未开工,不准开工;如果已经开工,则责令停止施工。

(10)根据无效定标结果所签订的合同。依法实行招标投标确定施工单位的工程,招标单位应当与中标单位签订合同。中标是承包单位与发包单位签订合同的依据,如果定标结果是无效的,则所订合同因无合法基础而无效。

(11)非法转包的合同。转包可分为全部工程整体转包与肢解工程转包两种基本形式。转包行为有损发包人的合法权益,扰乱建筑市场管理秩序,为《中华人民共和国建筑法》等法律、法规和规章明文禁止。

(12)不符合分包条件而分包的合同。承包人欲将所承包的工程分包的,应当征得发包人的同意,并且分包工程的承包人必须具备相应的资质等级条件。分包单位所承包的工程不得再行分包工,凡违反规定分包的合同均属无效合同。

(13)违法带资、垫资施工的合同。合同内容违法是多方面的,实践中较为突出的是关于带资、垫资施工的约定。带资、垫资往往是发包方强行要求的,也有施工单位以带资、垫资作为竞争手段以达到承揽工程目的的情况。

(14)采取欺诈、胁迫的手段所签订的合同。这两种情形并不鲜见。一些不法分子虚构、伪造工程项目情况,以骗取财物为目的,引诱施工单位签订所谓"施工承包合同"。有的不法分子则强迫投资者将建设项目由其承包。凡此种种,不仅合同无效,而且极有可能触犯刑律。

(15)损害国家利益和社会公共利益的合同。

(16)违反国家指令性建设计划而签订的合同。《中华人民共和国合同法》第二百七十三条规定,国家重大建设工程合同的订立,应当符合国家规定的程序和国家批准的投资计划、可行性研究报告等要求。国家指令性计划"国家重大建设工程项目"建设的作用不言而喻。

5. 建设工程合同体系

工程建设是一个极为复杂的社会生产过程,它分别经历可行性研究、勘察、设计、工程施工和运行等阶段;有土建、水电、机械设备、通信等专业设计和施工活动;需要各种材料、设备、资金和劳动力的供应。由于现代的社会化大生产和专业化分工,一个稍大一点的工程,其参加单位就有十几个、几十个,甚至成百上千个,它们之间形成了各式各样的经济关系。由于工程中维系这种关系的纽带是合同,所以就有各式各样的合同。工程项目的建设过程实质上又是一系列经济合同的签订和履行过程。

在一个工程中,相关的合同可能有几份、几十份、几百份,甚至几千份,形成一个复杂的合同网络。在这个网络中,业主和承包商是两个最主要的节点。

（1）业主的主要合同关系

业主作为工程或服务的买方，是工程的所有者，他可能是政府、企业、其他投资者、几个企业的组合、政府与企业的组合（例如合资项目、BOT 项目的业主）。业主投资一个项目，通常委派一个代理人（或代表）以业主的身份进行工程的经营管理。

业主根据对工程的需求，确定工程项目的整体目标。这个目标是所有相关工程合同的核心。要实现工程目标，业主必须将建筑工程的勘察设计、各专业工程施工、设备和材料供应等工作委托出去，必须与有关单位签订如下合同。

① 咨询（监理）合同。即业主与咨询（监理）公司签订的合同。咨询（监理）公司负责工程的可行性研究、设计监理、招标和施工阶段监理等某一项或几项工作。

② 勘察设计合同。即业主与勘察设计单位签订的合同。勘察设计单位负责工程的地质勘察和技术设计工作。

③ 供应合同。当由业主负责提供的工程材料和设备时，业主与有关材料和设备供应单位签订供应（采购）合同。

④ 工程施工合同。即业主与工程承包商签订的工程施工合同。一个或几个承包商分别承包土建、机械安装、电器安装、装饰、通信等工程施工。

⑤ 贷款合同。即业主与金融机构签订的合同。后者向业主提供资金保证，按照资金来源的不同，可能有贷款合同、合资合同或 BOT 合同等。

按照工程承包方式和范围的不同，业主可能订立几十份合同。例如将工程分专业、分阶段委托，将材料和设备供应分别委托，也可能将上述委托以形式合并，如把土建和安装委托给一个承包商，把整个设备供应委托给一个成套设备供应企业。当然，业主还可以与一个承包商订立一个总承包合同，由承包商负责整个工程的设计、供应、施工，甚至管理等工作。因此，一份合同的工程范围和内容会有很大区别。

（2）承包商的主要合同关系

承包商是工程施工的具体实施者，是工程承包合同的执行者。承包商通过投标接受业主的委托，签订工程总承包合同。承包商要完成承包合同的责任，包括由工程量表所确定的工程范围的施工、竣工和保修，为完成这些工程提供劳动力、施工设备、材料，有时也包括技术设计。承包商一般不可能具备所有的专业工程的施工能力、材料和设备的生产和供应能力，他同样可以将许多专业工作委托出去。所以，承包商常常又有自己复杂的合同关系。

① 分包合同

对于一些大的工程，承包商常常必须与其他承包商合作才能完成总承包合同责任。承包商把从业主那里承接到的工程中的某些分项工程或工作分包给另一承包商来完成，则与其要签订分包合同。

承包商在承包合同下可能订立许多分包合同，而分包商仅完成总承包商分包给自己的工程，向总承包商负责，与业主无合同关系。总承包商仍向业主担负全部工程责任，负责工程的管理和所属各分包商工作之间的协调，以及各分包商之间合同责任界面的划分，同时承担协调失误造成损失的责任，向业主承担工程风险。

在投标书中，承包商必须附上拟定的分包商的名单，供业主审查。如果在工程施工中重新委托分包商,必须经过监理工程师的批准。

② 供应合同

承包商为工程所进行的必要的材料与设备的采购和供应,必须与供应商签订供应合同。

③ 运输合同

这是承包商为解决材料和设备的运输问题而与运输单位签订的合同。

④ 加工合同

即承包商将建筑构配件、特殊构件加工任务委托给加工承揽单位而签订的合同。

⑤ 租赁合同

在建设工程中,承包商需要许多施工设备、运输设备、周转材料。当有些设备、周转材料在现场使用率较低,或自己购置需要大量资金投入而自己又不具备这个经济实力时,可以采用租赁方式,与租赁单位签订租赁合同。

⑥ 劳务供应合同

建筑产品往往要花费大量的人力、物力和财力。承包商不可能全部采用固定工来完成该项工程,为了满足任务的临时需要,往往要与劳务供应商签订劳务供应合同,由劳务供应商向工程提供劳务。

⑦ 保险合同

承包商按施工合同要求对工程进行投保,与保险公司签订保险合同。

承包商的这些合同都与工程承包合同相关,都是为了履行承包合同而签订的。此外,在许多大型工程中,尤其是在业主要求总承包的工程中,承包商经常是几个企业的联营,即联营承包(最常见的是设备供应商、土建承包商、安装承包商、勘察设计单位的联合投标),这时承包商之间还需订立联营合同。

第二节　建设工程施工合同

一、建设工程施工合同的概念

建设工程施工合同即建筑安装工程承包合同,是发包人与承包人之间为完成商定的建设工程项目,明确双方权利和义务的协议。依据施工合同,承包人应完成一定的建筑、安装工程任务,发包人应提供必要的施工条件并支付工程价款。

施工合同是建设工程合同的一种,它与其他建设工程合同一样,是一种双务合同,在订立时也应遵守自愿、公平、诚实信用等原则。

建设工程施工合同是建设工程合同的主要合同,是工程建设质量控制、进度控制、投资控制的主要依据。通过合同关系,可以确定建设市场主体之间的相互权利义务关系,这对规范建筑市场有重要作用。1999 年 3 月 15 日九届全国人大第二次会议通过、1999 年 10 月 1 日开始实施的《中华人民共和国合同法》对建设工程合同做了专章规定。《中华人民共和国建筑法》(1997 年 1 月 1 日通过,1998 年 3 月 1 日开始实施)、《中华人民共和国招标投标法》(1999 年 8 月 30 日通过,2000 年 1 月 1 日开始实施)也有许多涉及建设工程施工合同的规定。这些法律是我国建设工程施工合同管理的依据。

二、建设工程施工合同示范文本

1. 建设工程施工合同示范文本概述

我国建设主管部门通过制定《建设工程施工合同（示范文本）》来规范承发包双方的合同行为。尽管示范文本从法律性质上并不具备强制性，但由于其通用条款较为公平合理地设定了合同双方的权利义务，因此得到了较为广泛的应用。

《建设工程施工合同（示范文本）》（GF--1999—0201）（以下简称《示范文本》），是在《建设工程施工合同》（GF—91—0201）基础上进行修订的版本，是一种建设施工合同。该示范文本由协议书、通用条款和专用条款三部分组成。通用条款是依据有关建设工程施工的法律、法规制定而成，它基本上可以适用于各类建设工程，因而有相对的固定性。而建设工程施工涉及面广，每一个具体工程都会发生一些特殊情况，针对这些情况必须专门拟定一些专用条款，专用条款就是结合具体工程情况的有针对性的条款，它体现了施工合同的灵活性。这种固定性和灵活性相结合的特点，适应了建设工程施工合同的需要。

2.《建设工程施工合同》的组成

《建设工程施工合同》由协议书、通用条款和专用条款三部分组成，并附有三个附件：附件一是承包人承揽工程项目一览表，附件二是发包人供应材料设备一览表，附件三是工程质量保修书。

协议书是《建设工程施工合同》中总纲性的文件。虽然文字量并不大，但它规定了合同当事人双方最主要的权利的义务，规定了组成合同的文件及合同当事人对履行合同义务的承诺，并且合同当事人在这份文件上签字盖章，因此具有很高的法律效力。协议书的内容包括工程概况、工程承包范围、合同工期、质量标准、合同价款、组成合同的文件等。

通用条款是根据《中华人民共和国合同法》《中华人民共和国建筑法》《建设工程施工合同管理办法》等法律、法规对承发包双方的权利和义务做出的规定，除双方协商一致对其中的某些条款做了修改、补充或取消，双方都必须履行。它是将建设工程施工合同中共性的一些内容提取出来编写的一份完整的合同文件。通用条款具有很强的通用性，基本适用于各类建设工程。通用条款共有 11 部分 47 条组成。这 11 部分内容是：

(1)词语定义及合同文件；

(2)双方一般权利和义务；

(3)施工组织设计和工期；

(4)质量与检验；

(5)安全施工；

(6)合同价款与支付；

(7)材料设备供应；

(8)工程变更；

(9)竣工验收与结算；

（10）违约、索赔和争议；

（11）其他。

考虑到建设工程的内容各不相同，工期、造价也随之变动，承包、发包人各自的能力、施工现场的环境和条件也各不相同，通用条款不能完全适用于各个具体工程，因此配之以专用条款对其做必要的修改和补充，使通用条款和专用条款成为双方统一意愿的体现。专用条款的条款号与通用条款相一致，但主要是空格，由当事人根据工程的具体情况予以明确或者对通用条款进行修改。

《施工合同文本》的附件则是对施工合同当事人的权利和义务的进一步明确，并且使得施工合同当事人的有关工作一目了然，便于执行和管理。

3. 施工合同文件的组成及解释顺序

《施工合同文本》第二条规定了施工合同文件的组成及解释顺序。组成建设工程施工合同的文件包括：

（1）施工合同协议书；

（2）中标通知书；

（3）投标书及其附件；

（4）施工合同专用条款；

（5）施工合同通用条款；

（6）标准、规范及有关技术文件；

（7）图纸；

（8）工程量清单；

（9）工程报价单或预算书。

双方有关工程的洽商、变更等书面协议或文件视为施工合同的组成部分。

上述合同文件应能够互相解释、互相说明。当合同文件中出现不一致时，上面的顺序就是合同的优先解释顺序。当合同文件出现含糊不清或者当事人有不同理解时，按照合同争议的解决方式处理。

三、施工合同双方的一般权利和义务

了解施工合同中承发包双方的一般权利和义务，是建筑施工企业项目经理最基本的要求。在市场经济条件下，施工任务的最终确认是以施工合同为依据的，项目经理必须代表施工企业（承包人）完成应当由施工企业完成的工作；了解发包人的工作则是项目经理在施工中要求发包人合作的基础，也是维护己方权益的基础。《施工合同文本》第五条至第九条规定了施工合同双方的一般权利和义务。

1. 发包方工作

根据专用条款约定的内容和时间，发包人应分阶段或一次完成以下的工作：

（1）办理土地征用、拆迁补偿、平整施工场地等工作，使施工场地具备施工条件，并在开工后继续负责解决以上事项的遗留问题。

（2）将施工所需水、电、通信线路从施工场地外部接至专用条款约定地点，并保证施工期间需要。

（3）开通施工场地与城乡公用道路的通道，以及专用条款约定的施工场地内的主要交通干道，满足施工运输的需要，保证施工期间的畅通。

（4）向承包人提供施工场地的工程地质和地下管线线路资料，对资料的真实准确性负责。

（5）办理施工许可证及其他施工所需证件、批件和临时用地、停水、停电、中断道路交通、爆破作业等的申请批准手续（证明承包人自身资质的证件除外）。

（6）确定水准点与坐标控制点，以书面形式交给承包人，并进行现场交验。

（7）组织承包人和设计单位进行图纸会审和设计交底。

（8）协调处理施工现场周围地下管线和邻近建筑物、构筑物（包括文物保护建筑）、古树名木的保护工作，并承担有关费用。

（9）发包人应做的其他工作，双方在专用条款内约定。

发包人可以将上述部分工作委托承包人办理，具体内容由双方在专用条款内约定，费用由发包人承担。发包人不按合同约定完成以上义务的，应赔偿承包人的有关损失，延误的工期相应顺延。

2.承包人工作

承包人按专用条款约定的内容和时间完成以下工作：

（1）根据发包人的委托，在其设计资质允许的范围内，完成施工图设计或与工程配套的设计，经工程师确认后使用，发生的费用由发包人承担。

（2）向工程师提供年、季、月工程进度计划及相应进度统计报表。

（3）根据工程需要提供和维修非夜间施工使用的照明、围栏设施，并负责安全保卫。

（4）按专用条款约定的数量和要求，向发包人提供在施工现场办公和生活的房屋及设施，发生费用由发包人承担。

（5）遵守有关部门对施工场地交通、施工噪声以及环境保护和安全生产等的管理规定，按规定办理有关手续，并以书面形式通知发包人。发包人承担由此发生的费用，因承包人责任造成的罚款除外。

（6）已竣工工程未交付发包人之前，承包人按专用条款约定负责已完工程的成品保护工作，保护期间发生损坏，承包人自费予以修复。要求承包人采取特殊措施保护的工程部位和相应的追加合同价款，在专用条款内约定。

（7）按专用条款的约定做好施工现场地下管线和邻近建筑物、构筑物（包括文物保护建筑）、古树名木的保护工作。

（8）保证施工场地清洁，符合环境卫生管理的有关规定，交工前清理现场，达到专用条款约定的要求，承担因自身原因违反有关规定造成的损失和罚款。

（9）承包人应做的其他工作，双方在专用条款内约定。

承包人不履行上述各项义务，应对发包人的损失给予赔偿。

3.工程师的产生和职权

（1）工程师的产生和易人

工程师包括监理单位委派的总监理工程师或者发包人指定的履行合同的负责人两种情况。

① 发包人委托监理

发包人可以委托监理单位,全部或者部分负责合同的履行。工程施工监理应当依照法律、行政法规及有关的技术标准、设计文件和建设工程施工合同,对承包人在施工质量、建设工期和建设资金使用等方面,代表发包人实施监督。发包人应当将委托的监理单位名称、监理内容及监理权限以书面形式通知承包人。

监理单位委派的总监理工程师在施工合同中称为工程师。总监理工程师是经监理单位法定代表人授权,派驻施工现场监理组织的总负责人,行使监理合同赋予监理单位的权利和义务,全面负责受委托工程的建设监理工作。监理单位委派的总监理工程师姓名、职务、职责应当向发包人报送,在施工合同的专用条款中应当写明总监理工程师的姓名、职务、职责。

② 发包人派驻代表

发包人派驻施工场地履行合同的代表在施工合同中也称工程师。发包人代表是经发包人单位法定代表人授权,派驻施工现场的负责人,其姓名、职务、职责在专用条款内约定,但职责不得与监理单位委派的总监理工程师职责相互交叉。发生交叉或不明确时,由发包人法定代表人明确双方职责,并以书面形式通知承包人。

③ 工程师易人

工程师易人,发包人应至少于易人前 7 天以书面形式通知承包人,后任继续行使合同文件约定的前任的职权,履行前任的义务。

(2)工程师的职责

① 工程师委派工程师代表后任继续行使合同

在施工过程中,不可能所有的监督和管理工作都由工程师自己完成。工程师可委派工程师代表,行使自己的部分权利和职责,并可在认为必要时撤回委派。委派和撤回均应提前 7 天以书面形式通知承包人,委派书和撤回通知作为合同附件。工程师代表在工程师授权范围内向承包人发出的任何书面形式的函件具有同等效力。工程师代表发出的指令有失误时,工程师应进行纠正。

② 工程师发布指令、通知

工程师的指令、通知由其本人签字后,以书面形式交给项目经理,项目经理在回执上签署姓名和收到时间后生效。确有必要时,工程师可发出口头指令,并在 48 小时内给予书面确认,承包人对工程师的指令应予执行。工程师不能及时给予书面确认,承包人应于工程师发出口头指令后 7 天内提出书面确认要求。工程师在承包人提出确认要求后 48 小时内不予答复,应视为承包人要求已被确认。承包人认为工程师指令不合理,应在收到指令后 24 小时内提出书面报告,工程师在收到承包人报告后 24 小时内做出修改指令或继续执行原指令的决定,并以书面形式通知承包人。紧急情况下,工程师要求承包人立即执行的指令或承包人虽有异议,但工程师决定仍继续执行的指令,承包人应予执行。因指令错误发生的费用和给承包人造成的损失由发包人承担,延误的工期相应顺延。

上述规定同样适用于工程师代表发出的指令、通知。

③ 工程师应当及时完成自己的职责

工程师应按合同约定,及时向承包人提供所需指令、批准、图纸并履行其他约定的义务,否则承包人在约定时间后 24 小时内将具体要求、需要的理由和延误的后果通知工程师,工程师收到通知后 48 小时内不予答复,应承担延误造成的追加合同价款,并赔偿承包人有关损失,顺延延误的工期。

④ 工程师做出处理决定

在合同履行中,发生影响承发包双方权利或义务的事件时,负责监理的工程师应做出公正的处理。为保证施工正常进行,承发包双方应尊重工程师的决定。承包人对工程师的处理有异议时,按照合同约定争议处理办法解决。

4. 项目经理的产生和职责

(1)项目经理产生

项目经理是由承包人单位法定代表人授权的,派驻施工场地的承包人的总负责人,他代表承包人负责工程施工的组织、实施。承包人施工质量、进度的好坏与承包人代表的水平、能力、工作热情有很大的关系,一般都应当在投标书中明确,并作为评标的一项内容。最后,项目经理的姓名、职务在专用条款内约定。项目经理一旦确定后,承包人不能随意更换项目经理,承包人如需更换项目经理应至少提前 7 天以书面形式通知发包人,后任继续履行合同文件约定的前任的权利和义务,不得更改前任做出的书面承诺。发包人可以与承包人协商,建议调换其认为不称职的项目经理。

(2)项目经理的职责

项目经理应当积极履行合同规定的职责,完成承包人应当完成的各项工作。项目经理应当对施工现场的施工质量、成本、进度、安全等负全面的责任。对于在施工现场出现的超过自己权限范围的事件,应当及时向上级有关部门和人员汇报,请示处理方案或者取得自己处理的授权。其日常性的工作有:

① 代表承包人向发包人提出要求和通知

项目经理有权代表承包人向发包人提出要求和通知。承包人的要求和通知,由项目经理签字后送交工程师,工程师在回执上签署姓名和收到时间后生效。

② 组织施工

项目经理按发包人认可的施工组织设计(或施工方案)和依据合同发出的指令、要求组织施工。在情况紧急且无法与工程师联系时,应当采取保证人员生命和工程财产安全的紧急措施,并在采取措施后 48 小时内向工程师送交报告。如果责任在发包人和第三方,由发包人承担由此发生的追加合同价款,相应顺延工期;如果责任在承包人,由承包人承担费用,不顺延工期。

第三节　建设工程施工合同的质量条款

工程施工中的质量管理是施工合同履行中的重要环节。施工合同的质量管理涉及许多方面的因素,任何一个方面的缺陷和疏漏,都会使工程质量无法达到预期的标准。建设工程施工合同中的大量条款都与工程质量有关。项目经理必须严格按照合同的约定抓好施工质量,施工质量好坏是衡量项目经理管理水平的重要标准。

建筑施工企业的经理,要对本企业的工程质量负责,并建立有效的质量保证体系。

施工企业的总工程师和技术负责人要协助经理管好质量工作。施工企业应当逐级建立质量责任制。项目经理(现场负责人)要对本施工现场内所有单位工程的质量负责;栋号工程要对单位工程质量负责;生产班组要对分项工程质量负责。现场施工员、工长、质量检验员和关键工种工人必须经过考核取得岗位证书后,方可上岗。企业内各级职能部门必须按企业规定对各自的工作质量负责。

一、标准、规范和图纸

《建设工程施工合同(示范文本)》第三条和第四条规定了标准、规范和图纸的内容。

1. 合同适用标准、规范

按照《中华人民共和国标准化法》的规定,为保障人体健康、人身财产安全的标准属于强制性标准。建设工程施工的技术要求和方法即为强制性标准,施工合同当事人必须执行。因此,施工中必须使用国家标准、规范;没有国家标准、规范,但有行业标准、规范的,使用行业标准、规范;没有行业标准、规范的,使用工程所在地的地方标准、规范。发包人应当按照专用条款约定的时间向承包人提供一式两份约定的标准、规范。

国内没有相应的标准、规范时,可以由合同当事人约定工程适用的标准。首先,应由发包人按照约定的时间向承包人提出施工技术要求,承包人按照约定的时间和要求提出施工工艺,经发包人认可后执行;若工程使用国外标准、规范时,发包人应当负责提供中文译本。

因购买、翻译标准、规范或制定施工工艺而产生的费用,由发包人承担。

2. 图纸

建设工程施工应当按照图纸进行。施工合同管理中的图纸是指由发包人提供或者由承包人提供经工程师批准、满足承包人施工需要的所有图纸(包括配套说明和有关资料)。按时、按质、按量提供施工所需图纸,也是保证工程施工质量的重要方面。

(1)发包人提供图纸

在我国目前的建设工程管理体制中,施工中所需图纸主要由发包人提供(发包人通过设计合同委托设计单位设计)。在对图纸的管理中,发包人应当完成以下工作:

① 发包人应当按照专用条款约定的日期和套数向承包人提供图纸。

② 承包人如果需要增加图纸套数,发包人应当代为复制。发包人代为复制意味着发包人应当为图纸的正确性负责。

③ 如果对图纸有保密要求的,应当承担保密措施费用。

对于发包人提供的图纸,承包人应当完成以下工作:

① 在施工现场保留一套完整图纸,供工程师及有关人员进行工程检查时使用。

② 如果专用条款对图纸提出保密要求的,承包人应当在约定的保密期限内承担保密义务。

③ 承包人如果需要增加图纸套数,复制费用由承包人承担。

使用国外或者境外图纸,不能满足施工需要时,双方在专用条款内约定复制、重新绘制、翻译、购买标准图纸等责任及费用承担。

工程师在对图纸进行管理时,重点是按照合同约定按时向承包人提供图纸,据图纸检查承包人的工程施工。

(2)承包人提供图纸

有些工程,施工图的设计或者与工程配套的设计有可能由承包人完成。如果合同中有这样的约定,则承包人应当在其设计资质允许的范围内,按工程师的要求完成这些设计,经工程师确认后使用,发生的费用由发包人承担。在这种情况下,工程师对图纸的管理重点是审查承包人的设计。

二、材料设备供应的质量控制

工程建设的材料设备供应的质量控制,是整个工程质量控制的基础。建筑材料、构配件生产及设备供应单位对其生产或者供应的产品质量负责。而材料设备的需求方则应根据买卖合同的规定进行质量验收。《建设工程施工合同(示范文本)》第二十七条和第二十八条对材料设备供应做了规定。

1. 材料设备的质量及其他要求

(1)材料生产和设备供应单位应具备法定条件

建筑材料、构配件生产及设备供应单位必须具备相应的生产条件、技术装备和质量保证体系,具备必要的检测人员和设备,把好产品看样、订货、储存、运输和核验的质量关。

(2)材料设备质量应符合要求

① 符合国家或者行业现行有关技术标准规定的合格标准和设计要求;

② 符合在建筑材料、构配件及设备或其包装上注明采用的标准,符合以建筑材料、构配件及设备说明、实物样品等方式表明的质量状况。

(3)材料设备或者其包装上的标识应符合的要求

① 有产品质量检验合格证明;

② 有中文标明的产品名称、生产厂家厂名和厂址;

③ 产品包装和商标样式符合国家有关规定和标准要求;

④ 设备应有产品详细的使用说明书,电气设备还应附有线路图;

⑤ 实施生产许可证或使用产品质量认证标志的产品,应有许可证或质量认证的编号、批准日期和有效期限。

2. 发包人供应材料设备时的质量控制

(1)双方约定发包人供应材料设备的一览表

对于由发包人供应的材料设备,双方应当约定发包人供应材料设备的一览表,作为合同附件。一览表的内容应当包括材料设备种类、规格、型号、数量、单价、质量等级、提供的时间和地点。发包人按照一览表的约定提供材料设备。

(2)发包人供应材料设备的清点

发包人应当向承包人提供其供应材料设备的产品合格证明,对其质量负责。发包人应在其所供应的材料设备到货前24小时,以书面形式通知承包人,由承包人派人与发包人共同清点。

(3)材料设备清点后的保管

发包人供应的材料设备经双方共同清点后由承包人妥善保管,发包人支付相应的保管费用。发生损坏丢失,由承包人负责赔偿。发包人不按规定通知承包人清点,发生的损坏丢失由发包人负责。

(4)发包人供应的材料设备与约定不符时的处理

发包人供应的材料设备与约定不符时,应当由发包人承担有关责任,具体按照下列情况进行处理:

① 材料设备单价与合同约定不符时,由发包人承担所有差价。

② 材料设备种类、规格、型号、数量、质量等级与合同约定不符时,承包人可以拒绝接收保管,由发包人运出施工场地并重新采购。

③ 发包人供应材料的规格、型号与合同约定不符时,承包人可以代为调剂串换,发包人承担相应的费用。

④ 到货地点与合同约定不符时,发包人负责运至合同约定的地点。

⑤ 供应数量少于合同约定的数量时,发包人将数量补齐;多于合同约定的数量时,发包人负责将多出部分运出施工场地。

⑥ 到货时间早于合同约定时间,发包人承担因此发生的保管费用;到货时间迟于合同约定的供应时间,由发包人承担相应的追加合同价款。发生延误,相应顺延工期,发包人赔偿由此给承包方造成的损失。

(5)发包人供应材料设备的重新检验

发包人供应的材料设备进入施工现场后需要重新检验或者试验的,由承包人负责检验或试验,费用由发包人负责。即使在承包人检验通过之后,如果又发现材料设备有质量问题的,发包人仍应承担重新采购及拆除重建的追加合同价款,并相应顺延由此延误的工期。

3. 承包人采购材料设备的质量控制

对于合同约定由承包人采购的材料设备,应当由承包人选择生产厂家或者供应商,发包人不得指定生产厂家或者供应商。

(1)承包人采购材料设备的清点

承包方根据专用条款的约定及设计和有关标准要求采购工程需要的材料设备,并提供产品合格证明,对其质量负责。承包人在材料设备到货前24小时通知工程师清点。

(2)承包人采购的材料设备与要求不符时的处理

承包人采购的材料设备与设计或者标准要求不符时,由承包人按照工程师要求的时间运出施工场地,重新采购符合要求的产品,并承担由此发生的费用,由此延误的工期不予顺延。

工程师不能按时到场清点,事后发现材料设备不符合设计或者标准要求时,仍由承包人负责修复、拆除或者重新采购,并承担发生的费用,由此造成工期延误可以相应顺延。

承包人采购的材料设备在使用前,承包人应按工程师的要求进行检验或试验,不合格的不得使用,检验或试验费用由承包人承担。

(3)承包人使用代用材料

承包人需要使用代用材料时,须经工程师认可后方可使用,由双以书面形式议定。

三、工程验收的质量控制

工程验收是一项以确认工程是否符合施工合同规定目的的行为,是质量控制的最重要的环节。

1. 工程质量标准

工程质量应当达到协议书约定的质量标准,质量标准的评定按国家或者专业的质量检验评定标准进行。发包人要求部分或者全部工程质量达到优良标准,应支付由此增加的追加合同价款,对工期有影响的应给予相应顺延。这是"优质优价"原则的具体体现。

达不到约定标准的工程部分,工程师一经发现,可要求承包人返工,承包人应当按照工程师的要求返工,直到符合约定标准。因承包人的原因达不到约定标准,由承包人承担返工费用,工期不予顺延。因发包人的原因达不到约定标准,由发包人承担返工的追加合同价款,工期相应顺延。因双方原因达不到约定标准,责任由双方分别承担。按照《建设工程质量管理办法》的规定,对达不到国家标准规定的合格要求的或者合同中规定的相应等级要求的工程,要扣除一定的承包价。

双方对工程质量有争议,由专用条款约定的工程质量监督管理部门鉴定,所需费用及因此造成的损失,由责任方承担。双方均有责任,由双方根据其责任分别承担。

2. 施工过程中的检查和返工(《建设工程施工合同(示范文本)》第十六条)

在工程施工过程中,工程师及其委派人员对工程的检查检验,是他们的一项日常性工作和重要职能。

承包人应认真按照标准、规范和设计要求以及工程师依据合同发出的指令施工,随时接受工程师及其委派人员的检查检验,为检查检验提供便利条件,并按工程师及其委派人员的要求返工、修改,承担由于自身原因导致返工、修改的费用。

检查检验合格后,又发现因承包人引起的质量问题,由承包方承担的责任,赔偿发包人的直接损失,工期相应顺延。

检查检验不应影响施工正常进行,如影响施工正常进行,检查检验不合格时,影响正常施工的费用由承包人承担。除此之外,影响正常施工的追加合同价款由发包人承担,相应顺延工期。因工程师指令失误和其他非承包人原因发生的追加合同价款,由发包人承担。

3. 隐蔽工程和中间验收(《建设工程施工合同(示范文本)》第十七条)

由于隐蔽工程在施工中一旦完成隐蔽,很难再对其进行质量检查(这种检查成本很大),因此必须在隐蔽前进行检查验收。对于中间验收,合同双方应在专用条款中约定需要进行中间验收的单项工程和部位的名称、验收的时间和要求,以及发包人应提供的便利条件。

工程具备隐蔽条件和达到专用条款约定的中间验收部位,承包人进行自检,并在隐蔽和中间验收前48小时以书面形式通知工程师验收。通知包括隐蔽和中间验收内容、验收时间和地点。承包人准备验收记录,验收合格,工程师在验收记录上签字后,承包人可进行隐蔽和继续施工。验收不合格,承包人在工程师限定的时间内修改后重新验收。

工程质量符合标准、规范和设计图纸等的要求,验收24小时后,工程师不在验收记录上签字,视为工程已经批准,承包人可进行隐蔽或者继续施工。

4. 重新检验(《建设工程施工合同(示范文本)》第十八条)

工程师不能按时参加验收,须在开始验收前 24 小时向承包人提出书面延期要求,延期不能超过两天。工程师未能按以上时间提出延期要求,不参加验收,承包人可自行组织验收,发包人应承认验收记录。

无论工程师是否参加验收,当其提出对已经隐蔽的工程重新检验的要求时,承包人应按要求进行剥露,并在检验后重新覆盖或者修复。检验合格,发包人承担由此发生的全部追加合同价款,赔偿承包人损失,并相应顺延工期。检验不合格,承包人承担发生的全部费用,但工期也予顺延。

5. 工程试车(《建设工程施工合同(示范文本)》第十九条)

(1)试车的组织责任

对于设备安装工程,应当组织试车。试车内容应与承包人承包的安装范围相一致。

① 单机无负荷试车。设备安装工程具备单机无负荷试车条件,由承包人组织试车,有单机试运转达到规定要求,才能进行联试。承包人应在试车前 48 小时书面通知工程师。通知包括试车内容、时间、地点。承包人准备试车记录,发包人为试车提供必要条件。试车通过,工程师在试车记录上签字。

② 联动无负荷试车。设备安装工程具备无负荷联动试车条件,由发包人组织试车,并在试车前 48 小时书面通知承包人。通知内容包括试车内容、时间、地点和对承包人的要求,承包人按要求做好准备工作和试车记录。试车通过,双方在试车记录上签字。

③ 投料试车。投料试车,应当在工程竣工验收后由发包人全部负责。如果发包人要求承包人配合或在工程竣工验收前进行时,应当征得承包人同意,另行签订补充协议。

(2)试车的双方责任

① 由于设计原因试车达不到验收要求,发包人应要求设计单位修改设计,承包人按修改后的设计重新安装。发包人承担修改设计、拆除及重新安装全部费用和追加合同价款,工期相应顺延。

② 由于设备制造原因试车达不到验收要求,由该设备采购一方负责重新购置和修理,承包人负责拆除和重新安装。设备由承包人采购的,由承包人承担修理或重新购置、拆除及重新安装的费用,工期不予顺延;设备由发包人采购的,发包人承担上述各项追加合同价款,工期相应顺延。

③ 由于承包人施工原因试车达不到验收要求,工程师提出修改意见。承包人修改后重新试车,承担修改和重新试车的费用,工期不予顺延。

④ 试车费用除已包括在合同价款之内或者专用条款另有约定外,均由发包人承担。

⑤ 工程师未在规定时间内提出修改意见,或试车合格不在试车记录上签字,试车结束 24 小时后,记录自行生效,承包人可继续施工或办理竣工手续。

(3)工程师要求延期试车

工程师不能按时参加试车,须在开始试车前 24 小时向承包人提出书面延期要求,延期不能超过 48 小时。工程师未能按以上时间提出延期要求,不参加试车,承包人可自行组织试车,发包人应当承认试车记录。

6. 竣工验收(《建设工程施工合同(示范文本)》第三十二条)

竣工验收,是全面考核建设工作、检查是否符合设计要求和工程质量的重要环节。

(1)竣工工程必须符合的基本要求

竣工交付使用的工程必须符合下列基本要求:

① 完成工程设计和合同中规定的各项工作内容,达到国家规定的竣工条件;

② 工程质量应符合国家现行有关法律、法规、技术标准、设计文件及合同规定的要求,并经质量监督机构核定为合格或优良;

③ 工程所用的设备和主要建筑材料、构件应具有产品质量出厂检验合格证明和技术标准规定必要的进场试验报告;

④ 具有完整的工程技术档案和竣工图,已办理工程竣工交付使用的有关手续;

⑤ 已签署工程保修证书。

(2)竣工验收程序

国家计委《建设项目(工程)竣工验收办法》规定,竣工验收程序为:

① 根据建设项目(工程)的规模大小和复杂程度,整个建设项目(工程)的验收可分为初步验收和竣工验收两个阶段进行。规模较大、较复杂的建设项目(工程)应先进行初验,然后进行全部建设项目(工程)的竣工验收。规模较小、较简单的项目(工程),可以一次进行全部项目(工程)的竣工验收。

② 建设项目(工程)在竣工验收之前,由建设单位组织施工、设计及使用等有关单位进行初验。初验前由施工单位按照国家规定,整理好文件、技术资料,向发包方提交竣工报告。建设单位接到报告后,应及时组织初验。

③ 建设项目(工程)全部完成,经过各单项工程的验收,符合设计要求,并具备竣工图表、竣工决算、工程总结等必要文件资料,由项目(工程)主管部门或建设单位向负责验收的单位提出竣工验收申请报告。

(3)竣工验收中承发包双方的具体工作程序和责任

工程具备竣工验收条件,承包人按国家工程竣工验收有关规定,向发包人提供完整竣工资料及竣工验收报告。双方约定由承包人提供竣工图,应当在专用条款内约定提供的日期和份数。

发包人收到竣工验收报告后28天内组织有关单位验收,并在验收后14天内给予认可或提出修改意见,承包人按要求修改。由于承包人原因,工程质量达不到约定的质量标准,承包人承担修改费用。

因特殊原因,发包人要求部分单位工程或者工程部位须甩项竣工时,双方另行签订甩项竣工协议,明确各方责任和工程价款的支付办法。

工程未经竣工验收或竣工验收未通过的,不得交付使用。发包人强行使用的,产生的质量问题及其他问题,由发包人承担责任。

四、保修

建设工程办理交工验收手续后,在规定的期限内,因勘察、设计、施工、材料等原因造成的质量缺陷,应当由施工单位负责维修。所谓质量缺陷是指工程不符合国家或行业现行的有关技术标准、设计文件以及合同对质量的要求。《建设工程施工合同(示范文本)》第三十四条对质量保修做了规定。

1. 质量保修书的内容

承包人应当在工程竣工验收之前出具保修书,其主要内容包括:

(1)质量保修项目内容及范围;

(2)质量保修期;

(3)质量保修责任;

(4)质量保修金的支付方法。

2. 工程质量保修范围和内容

与发包人签订质量保修书,作为合同附件。质量保修范围包括地基基础工程、主体结构工程、屋面防水工程和双方约定的其他土建工程,以及电气管线、上下水管线的安装工程,供热、供冷系统工程等项目。工程质量保修范围是国家强制性的规定,合同当事人不能约定减少国家规定的工程质量保修范围。工程质量保修的内容由当事人在合同中约定。

3. 质量保修期

质量保修期从工程竣工验收之日算起。分单项竣工验收的工程,按单项工程分别计算质量保修期。其中部分工程的最低质量保修期如下:

(1)基础设施工程、房屋建筑的地基基础工程和主体结构工程,为设计文件规定的该工程合理使用年限;

(2)屋面防水工程,有防水要求的卫生间、房间和外墙面的防渗漏,为 5 年;

(3)供热与供冷系统,为 2 个采暖期、供冷期;

(4)电气管线、给排水管道、设备安装和装修工程、其他项目的保修期限由发包方和承包方约定。

4. 质量保修责任为 2 年

(1)属于保修范围和内容的项目,承包人应在接到修理通知之日后 7 天内派人修理。承包人不在约定期限内派人修理,发包人可委托其他人员修理,修理费用从质量保修金内扣除。

(2)发生须紧急抢修事故(如上水跑水、暖气漏水漏气、燃气漏气等),承包人接到事故通知后,须立即到达事故现场抢修。非承包人施工质量引起的事故,抢修费用由发包人承担。

(3)在工程合理使用期限内,承包人确保地基基础工程和主体结构的质量。因承包人原因致使工程在合理使用期限内造成人身和财产损害,承包人应承担损害赔偿责任。

第四节 建设工程施工合同的经济条款

在一个合同中,涉及经济问题的条款总是双方关心的焦点。合同在履行过程中,项目经理仍然应当做好这方面的管理。其总的目标是降低施工成本,争取应当属于己方的经济利益。特别是后者,站在合同管理的角度,对于应当由发包人支付的施工合同价款,项目经理应当积极督促有关人员办理有关手续;对于应当追加的合同价款和应当由发包人承担的有关费用,项目经理应当准备好有关的材料,一旦发生争议,能够据理力争,维护己方的合法权益。当然,所有的这些工作都应当在合同规定的程序和时限内进行。

一、施工合同价款及调整(《建设工程施工合同(示范文本)》第二十三条)

1. 施工合同价款的约定

施工合同价款,按有关规定和协议条款约定的各种取费标准计算,用以支付发包人按照合同要求完成工程内容的价款总额。这是合同双方关心的核心问题之一,招投标等工作主要是围绕合同价款展开的。合同价款应依据中标通知书中的中标价格和非招标工程的工程预算书确定。合同价款在协议书内约定后,任何一方不得擅自改变。合同价款可以按照固定价格合同、可调价格合同、成本加酬金合同三种方式约定。

(1)固定价格合同

固定价格合同,是指在约定的风险范围内价款不再调整的合同。这种合同的价款并不是绝对不可调整,而是约定范围内的风险由承包人承担。双方应当在专用条款中约定合同价款包括的风险费用和承担风险的范围。风险范围以外的合同价款调整方法,应当在专用条款内约定。

(2)可调价格合同

可调价格合同,是指合同价格可以调整的合同。合同双方应当在专用条款内约定合同价款的调整方法。

(3)成本加酬金合同

成本加酬金合同,是由发包人向承包人支付工程项目的实际成本,并按事先约定的某一种方式支付酬金的合同类型。合同价款包括成本和酬金两部分,合同双方应在专用条款内约定成本构成和酬金的计算方法。

2. 可调价格合同中合同价款的调整

(1)可调价格合同中价格调整的范围

① 法律、行政法规和国家有关政策变化影响合同价款;

② 工程造价管理部门公布的价格调整;

③ 一周内非承包人原因停水、停电、停气造成停工累计超过 8 小时;

④ 双方约定的其他因素。

(2)可调价格合同中价格调整的程序

承包人应当在价款可以调整的情况发生后 14 天内,将调整原因、金额以书面方式通知工程师,工程师确认后作为追加合同价款,与工程款同期支付。工程师收到承包人通知之后 14 天内不予确认也不提出修改意见,视为该项调整已经同意。

二、工程预付款(《建设工程施工合同(示范文本)》第二十四条)

工程预付款主要用于采购建筑材料。预付额度,建筑工程一般不得超过当年建筑(包括水、电、暖、卫等)工程工作量的 30%,大量采用预制构件以及工期在 6 个月以内的工程,可以适当增加;安装工程一般不得超过当年安装工程量的10%,安装材料用量较大的工程,可以适当增加。

双方应当在专用条款内约定发包人向承包人预付工程款的时间和数额,开工后按约定的时间和比例逐次扣回。预付时间应不迟于约定的开工日期前7天。发包人不按约定预付,承包人在约定预付时间7天后向发包人发出要求预付的通知,发包人收到通知后仍不能按要求预付,承包人可在发出通知后7天停止施工,发包人应从约定应付之日起向承包人支付应付款的贷款利息,并承担违约责任。

三、工程款(进度款)支付(《建设工程施工合同(示范文本)》第二十六条)

1. 工程量的确认

对承包人已完成工程量的核实确认,是发包人支付工程款的前提,其具体的确认程序如下:

(1)承包人向工程师提交已完工程量的报告

承包人应按专用条款约定的时间,向工程师提交已完工程量的报告。该报告应当由"完成工程量报审表"和作为其附件的"完成工程量统计报表"组成。承包人应当写明项目名称、申报工程量及简要说明。

(2)工程师的计量

工程师接到报告后7天内按设计图纸核实已完工程量(以下称计量),并在计量前24小时通知承包人,承包人为计量提供便利条件并派人参加。承包人不参加计量,发包人自行进行,计量结果有效,作为工程价款支付的依据。

工程师收到承包人报告后7天内未进行计量,从第8天起,承包人报告中开列的工程量即视为已被确认,作为工程价款支付的依据。工程师不按约定时间通知承包人,致使承包人未能参加计量,计量结果无效。

工程师对承包人超出设计图纸范围和(或)因自身原因造成返工的工程量,不予计量。

2. 工程款(进度款)结算方式

(1)按月结算

这种结算办法实行旬末或月中预支,月末结算,竣工后清算的办法。跨年度施工的工程,在年终进行工程盘点,办理年度结算。

(2)竣工后一次结算

建设项目或单项工程全部建筑安装工程建设期在12个月以内,或者建设工程施工合同价值在100万元以下,可以实行工程价款每月月中预支,竣工后一次结算。

(3)分段结算

这种结算方式要求当年开工、当年不能竣工的单项工程或单位工程按照工程形象进度,划分不同阶段进行结算。分段的划分标准,由各部门和省、自治区、直辖市、计划单列市规定,分段结算可以按月预支工程款。

实行竣工后一次结算和分段结算的工程,当年结算的工程应与年度完成工程量一致,年终不另清算。

（4）其他结算方式

结算双方可以约定采用经开户建设银行同意的其他结算方式。

3. 工程款（进度款）支付的程序和责任

发包人应在双方计量确认后 14 天内，向承包人支付工程款（进度款）。同期用于工程上的发包人供应材料设备的价款，以及按约定时间发包人应按比例扣回的预付款，与工程款（进度款）同期结算。合同价款调整、设计变更调整的合同价款及追加的合同价款，应与工程款（进度款）同期调整支付。

发包人超过约定的支付时间不支付工程款（进度款），承包人可向发包人发出要求付款的通知，发包人在收到承包人通知后仍不能按要求支付，可与承包人协商签订延期付款协议，经承包人同意后可以延期支付。协议须明确延期支付时间和从发包人计量签字后第 15 天起计算应付款的贷款利息。发包人不按合同约定支付工程款（进度款），双方又未达成延期付款协议，导致施工无法进行，承包人可停止施工，由发包人承担违约责任。

四、确定变更价款（《建设工程施工合同（示范文本）》第三十一条）

1. 变更价款的确定程序

设计变更发生后，承包人在工程设计变更确定后 14 天内，提出变更工程价款的报告，经工程师确认后调整合同价款。承包人在确定变更后 14 天内不向工程师提出变更工程价款报告时，视为该项设计变更不涉及合同价款的变更。

工程师收到变更工程价款报告之日起 14 天内，予以确认。工程师无正当理由不确认时，自变更价款报告送达之日起 14 天后变更工程价款报告自行生效。

工程师不同意承包人提出的变更价款，按照合同约定的争议解决方法处理。

2. 变更价款的确定方法

变更合同价款按照下列方法进行：

（1）合同中已有适用于变更工程的价格，按合同已有的价格计算、变更合同价款；

（2）合同中只有类似于变更工程的价格，可以参照此价格确定变更合同价款；

（3）合同中没有适用或类似于变更工程的价格，由承包人提出适当的变更价格，经工程师确认后执行。

五、施工中涉及的其他费用

1. 安全施工方面的费用

承包人按工程质量、安全及消防管理有关规定组织施工，并随时接受行业安全检查人员依法实施的检查，采取必要的安全防护措施，消除事故隐患。由于承包人的安全措施不力造成安全事故的责任和因此发生的费用，由承包人承担。

发生重大伤亡及其他安全事故，承包人应按有关规定立即上报有关部门并通知工程师，同时按政府有关部门要求处理，发生的费用由事故责任方承担。发包人、承包人对事故责任有争议时，应按政府有关部门的认定处理。

承包人在动力设备、输电线路、地下管道、密封防震车间、易燃易爆地段以及临街交通要道附近施工时，施工开始前应向工程师提出安全保护措施，经工程师认可后实施，防护措施费用由发包人承担。

实施爆破作业,在放射、毒害性环境中施工(含储存、运输、使用)及使用毒害性、腐蚀性物品施工时,承包人应在施工前 14 天内以书面形式通知工程师,并提出相应的安全防护措施,经工程师认可后实施。安全防护措施费用由发包人承担。

2. 专利技术及特殊工艺涉及的费用(《建设工程施工合同(示范文本)》第四十二条)

发包人要求使用专利技术或特殊工艺,须负责办理相应的申报手续,承担申报、试验、使用等费用,承包人按发包人要求使用,并负责试验等有关工作。承包人提出使用专利技术或特殊工艺,报工程师认可后实施,承包人负责办理申报手续并承担有关费用。擅自使用专利技术侵犯他人专利权,责任者承担全部后果及所发生的费用。

3. 文物和地下障碍物(《建设工程施工合同(示范文本)》第四十三条)

在施工中发现古墓、古建筑遗址等文物及化石或其他有考古、地质研究等价值的物品时,承包人应立即保护好现场并于 4 小时内以书面形式通知工程师,工程师应于收到书面通知后 24 小时内报告当地文物管理部门,承发包双方按文物管理部门的要求采取妥善保护措施。发包人承担由此发生的费用,延误的工期相应顺延。

如施工中发现古墓、古建筑遗址等文物及化石或其他有考古、地质研究等价值的物品,隐瞒不报,致使文物遭受破坏,责任方、责任人依法承担相应责任。

施工中发现影响施工的地下障碍物时,承包人应于 8 小时内以书面形式通知工程师,同时提出处置方案,工程师收到处置方案后 24 小时内予以认可或提出修正方案。发包人承担由此发生的费用,延误的工期相应顺延。所发现的地下障碍物有归属单位时,发包人报请有关部门协同处置。

六、竣工结算(《建设工程施工合同(示范文本)》第三十三条)

工程竣工验收报告经发包人认可后,承发包双方应当按协议书约定的合同价款及专用条款约定的合同价款调整方式,进行工程竣工结算。

1. 承包人

工程竣工验收报告经发包人认可后 28 天内,承包人向发包人递交竣工结算报告及完整的结算资料。承包人未能向发包人递交竣工结算报告及完整的结算资料,造成竣工结算不能正常进行或工程竣工结算价款不能及时支付,发包人要求交付工程的,承包人应当交付;发包人不要求交付工程的,承包人承担保管责任。

发包人收到竣工结算报告及结算资料后 28 天内进行核实,给予确认或者提出修改意见。发包人确认竣工结算报告后,通知经办银行向承包人支付工程竣工结算价款,承包人收到竣工结算价款后 14 天内将竣工工程交付发包人。

2. 发包人

发包人收到竣工结算报告及结算资料后 28 天内无正当理由不支付工程竣工结算价款,从第 29 天起按承包人同期向银行贷款利率支付拖欠工程价款的利息,并承担违约责任。

发包人收到竣工结算报告及结算资料后 28 天内不支付工程竣工结算价款,承包人可以催告发包人支付结算价款。发包人在收到竣工结算报告及结算资料后 56 天内仍不支付的,承包人可以与发包人协议将该工程折价,也可以由承包人申请人民法院将该工程依法拍卖,承包人就该工程折价或者拍卖的价款优先受偿。

七、质量保修金

1. 质量保修金的支付

保修金由承包人向发包人支付,也可由发包人从应付承包方工程款内预留金的比例及金额由双方约定,但不应超过施工合同价款的3%。

2. 质量保修金的结算与返还质量保修

工程的质量保修期满后,发包人应当及时结算和返还(如有剩余)质量保修金。发包人应当在质量保修期满后14天内,将剩余保修金和按约定利率计算的利息返还承包人。

第五节 建设工程施工合同的进度条款

进度管理,是施工合同管理的重要组成部分。合同当事人应当在合同规定的工期内完成施工任务,发包人应当按时做好准备工作,承包人应当按照施工进度计划组织施工。为此,项目经理应当落实进度控制部门的人员、具体的控制任务和管理职能分工,并且编制合理的施工进度计划并控制其执行,即在工程进展全过程中,进行计划进度与实际进度的比较,对出现的偏差及时采取措施。

施工合同的进度控制可以分为施工准备阶段、施工阶段和竣工验收阶段的进度控制。

一、施工准备阶段的进度控制

施工准备阶段的许多工作都对施工的开始和进度有直接的影响,包括双方对合同工期的约定、承包方提交进度计划、设计图纸的提供、材料设备的采购、延期开工的处理等。

1. 合同双方约定合同工期

施工合同工期,是指施工的工程从开工起到完成施工合同专用条款双方约定的全部内容,工程达到竣工验收标准所经历的时间。合同工期是施工合同的重要内容之一,故《建设工程施工合同(示范文本)》要求双方在协议书中做出明确约定。约定的内容包括开工日期、竣工日期和合同工期总日历天数。合同当事人应当在开工日期前做好一切开工的准备工作,承包人则应按约定的开工日期开工。

我国目前确定合同工期的依据是建设工期定额,它是由国务院有关部门按照不同工程类型分别编制的。所谓建设工程工期定额,是指在平均的建设管理水平和施工装备水平及正常的建设条件(自然的、经济的)下,一个建设项目从设计文件规定的工程正式破土动工,到全部工程建完,验收合格交付使用全过程所需的额定时间。

2. 承包人提交进度

承包人应当在专用条款约定的日期,将施工组织设计和工程进度计划提交工程师。群体工程中采取分阶段进行施工的工程,承包人则应按照发包人提供图纸及有关资料的时间,分阶段编制进度计划,分别向工程师提交。

3. 工程师对进度计划予以确认或者提出修改意见

工程师接到承包人提交的进度计划后,应当予以确认或者提出修改意见,时间限制则由双方在专用条款中约定。如果工程师逾期不确认也不提出书面意见,则视为已经同意。

工程师对进度计划予以确认或者提出修改意见,并不免除承包人施工组织设计和工程进度计划本身的缺陷所应承担的责任。工程师对进度计划予以确认的主要目的是为工程师对进度进行控制提供依据。

4. 其他准备工作

在开工前,合同双方还应当做好其他各项准备工作,使施工现场具备施工条件、开通施工现场与公共道路,如发包人应当按照专用条款的规承包人应当做好施工人员和设备的调配工作。

对于工程师而言,特别需要做好水准点与坐标控制点的交验,按时提供标准、规范。为了能够按时向承包人提供设计图纸,工程师可能还需要做好设计单位的协调工作,按照专用条款的约定组织图纸会审和设计交底。

5. 延期开工

(1)承包人要求的延期开工。

承包人要求的延期开工,则工程师有权批准是否同意延期开工。

承包人应当按协议书约定的开工日期开始施工。承包人不能按时开工,应在不迟于协议书约定的开工日期前 7 天,以书面形式向工程师提出延期开工的理由和要求。工程师在接到延期开工申请后的 48 小时内以书面形式答复承包人。工程师在接到延期开工申请后的 48 小时内不答复,视为同意承包人的要求,工期相应顺延。

如果工程师不同意延期要求,工期不予顺延。如果承包人未在规定时间内提出延期开工要求,如在协议书约定的开工日期前 5 天才提出,工期也不予顺延。

(2)因发包人原因延期开工

因发包人的原因不能按照协议书约定的开工日期开工,工程师以书面形式通知承包人后,可推迟开工日期。承包人对延期开工的通知没有否决权,但发包人应当赔偿承包人因此造成的损失,相应顺延工期。

二、施工阶段的进度控制

工程开工后,合同履行即进入施工阶段,直至工程竣工控制施工任务在协议书规定的合同工期内完成。

1. 监督进度计划的执行阶段

进度控制的任务是开工后,承包人必须按照工程师确认的进度计划组织施工,接受工程师对进度的检查、监督。这是工程师进行进度控制的一项日常性工作,检查、监督的依据是已经确认的进度计划。一般情况下,工程师每月检查一次承包人的进度计划执行情况,由承包人提交一份上月进度计划实际执行情况和本月的施工计划。同时,工程师还应进行必要的现场实地检查。

工程实际进度与进度计划不符时,承包人应当按照工程师的要求提出改进措施,经工程师确认后执行。如果采用改进措施后,经过一段时间工程实际进展赶上了进度计划,则仍可按原进度计划执行。如果采用改进措施一段时间后,工程实际进展仍明显与进度计划不符,则工程师可以要求承包人修改原进度计划,并经工程师确认。但是,这种确认并不是工程师对工程延期的批准,而仅仅是要求承包人在合理的状态下施工。因此,如果修改后的进度计划不能按期完工,仍应承担相应的违约责任。

工程师应当随时了解施工进度计划执行过程中所存在的问题,并帮助承包人予以解决,特别是承包人无力解决的内外关系协调问题。

2. 暂停施工(《建设工程施工合同(示范文本)》第十二条)

在施工过程中,有些情况会导致暂停施工。暂停施工当然会影响工程进度,作为工程师应当尽量避免暂停施工。暂停施工的原因是多方面的,但归纳起来有以下三个方面:

(1)工程师要求的暂停施工

工程师在主观上是不希望暂停施工的,但有时继续施工会造成更大的损失。工程师认为确有必要时,应当以书面形式要求承包人暂停施工,不论暂停施工的责任在发包人还是在承包人。工程师应当在提出暂停施工要求后 48 小时内提出书面处理意见。承包人应当按照工程师的要求停止施工,并妥善保护已完工程。承包人实施工程师做出的处理意见后,可提出书面复工要求,工程师应当在 48 小时内给予答复。工程师未能在规定时间内提出处理意见,或收到承包人复工要求后 48 小时内未予答复,承包人可以自行复工。

如果停工责任在发包人,由发包人承担所发生的追加合同价款,相应顺延工期;如果停工责任在承包人,由承包人承担发生的费用,工期不予顺延。因为工程师不及时做出答复,导致承包人无法复工,由发包人承担违约责任。

(2)由于发包人违约,承包人主动暂停施工

当发包人出现某些违约情况时,承包人可以暂停施工。这是承包人保护自己权益的有效措施。如发包人不按合同规定及时向承包方支付工程预付款、发包人不按合同规定及时向承包人支付工程进度款且双方未达成延期付款协议,承包人均可暂停施工。这时,发包人应当承担相应的违约责任。出现这种情况时,工程师应当尽量督促发包人履行合同,以尽量减少双方的损失。

(3)意外情况导致的暂停施工

在施工过程中出现一些意外情况,如果需要暂停施工则承包人应暂停施工。在这些情况下,工期是否给予顺延应视风险责任的承担确定。如发现有价值的文物、发生不可抗力事件等,风险责任应当由发包人承担,故应给予承包人工期顺延。

3. 工程设计变更(《建设工程施工合同(示范文本)》第二十九条)

在施工过程中如果发生设计变更,将对施工进度产生很大的影响。如果必须对设计进行变更,必须严格按照国家的规定和合同约定的程序进行。

(1)变更的程序

施工中发包人如果需要对原工程设计进行变更,应不迟于变更前 14 天以书面形式向承包人发出变更通知。变更超过原设计标准或者批准的建设规模时,须经原规划管理

部门和其他有关部门审查批准,并由原设计单位提供变更的相应图纸和说明。承包方应当严格按照图纸施工,不得对原工程设计进行变更。

（2）设计变更事项

能够构成设计变更的事项包括以下变更:

① 更改有关部分的标高、基线、位置和尺寸;

② 增减合同中约定的工程量;

③ 改变有关工程的施工时间和顺序;

④ 其他有关工程变更需要的附加工作。

由于发包人对原设计进行变更,以及经工程师同意的、承包人要求进行的设计变更,导致合同价款的增减及造成的承包方损失,由发包人承担,延误的工期相应顺延。

4. 工期延误（《建设工程施工合同（示范文本）》第十三条）

承包人应当按照合同约定完成工程施工,如果由于其自身的原因造成工期延误,应当承担违约责任。但是,在有些情况下工期延误后,竣工日期可以相应顺延。

（1）工期可以顺延的工期延误

因以下原因造成工期延误,经工程师确认,工期相应顺延:

① 发包人不能按专用条款的约定提供开工条件;

② 发包人不能按约定日期支付工程预付款、进度款,致使施工不能正常进行;

③ 工程师未按合同约定提供所需指令、批准、图纸等,致使施工不能正常进行;

④ 设计变更和工程量增加;

⑤ 一周内非承包人原因停水、停电、停气造成停工累计超过 8 小时;

⑥ 不可抗力;

⑦ 专用条款中约定或工程师同意工期顺延的其他情况。

这些情况工期可以顺延的根本原因在于这些情况属于发包人违约或者是应当由发包方承担的风险。

（2）工期顺延的确认程序

承包人在工期可以顺延的情况发生后 14 天内,就将延误的内容和因此发生的追加合同价款向工程师提出书面报告。工程师在收到报告后 14 天内予以确认,逾期不予确认也不提出修改意见,视为同意工期顺延。

当然,工程师确认的工期顺延期限应当是事件造成的合理延误,由工程师根据发生事件的具体情况和工期定额、合同等的规定确认。经工程师确认的顺延的工期应纳入合同工期,作为合同工期的一部分。如果承包人不同意工程师的确认结果,则按合同规定的争议解决方式处理。

三、竣工验收阶段的进度控制

竣工验收是发包人对工程的全面检验,是保修期外的最后阶段。在竣工验收阶段,项目经理进度控制的任务是督促完成工程扫尾工作,协调竣工验收中的各方关系,参加竣工验收。

1. 竣工验收的程序

工程应当按期竣工。工程按期竣工有两种情况:承包人按照协议书约定的竣工日期或者工程师同意顺延的工期竣工。工程如果不能按期竣工,承包人应当承担违约责任。

(1)承包人提交竣工验收报告

当工程按合同要求全部完成后,工程具备了竣工验收条件,承包人按国家工程竣工验收的有关规定并按专用条款要求的日期和份数,向发包人提供完整的竣工资料和竣工验收报告,并向发包人提交竣工图。

(2)发包人组织验收

发包人在收到竣工验收报告后 28 天内组织有关部门验收,并在验收 14 天内给予认可或者提出修改意见。竣工日期为承包方送交竣工验收报告日期。需修改后才能达到验收要求的,竣工日期为承包人修改后提请发包人验收日期。

(3)发包人不按时组织验收的后果

发包人收到承包方送交的竣工验收报告后 28 天内不组织验收,或者在验收后 14 天内不提出修改意见,则视为竣工验收报告已经被认可。发包人收到承包人送交的竣工验收报告后 28 天内不组织验收,从第 29 天起承担工程保管及一切意外责任。

2. 发包人要求提前竣工

在施工中,发包人如果要求提前竣工,发包人应当与承包人进行协商,协商一致后应签订提前竣工协议。发包人应为赶工提供方便条件。提前竣工协议应包括以下方面的内容:

(1)提前的时间;

(2)承包人采取的赶工措施;

(3)发包人为赶工提供的条件;

(4)赶工措施的经济支出和承担;

(5)提前竣工的收益分享。

本章小结

本章对建设工程施工合同做了详细的阐述,其中包括建设工程施工合同的概述、建设工程施工合同的订立和履行以及建设工程施工合同的主要内容。建设工程施工合同概述中有施工合同的概念、特点、作用等相关内容;建设工程施工合同的订立和履行中主要有订立的过程和程序,履行过程中质量、进度、成本的各方面的控制和协调;建设工程施工合同的主要内容包括双方需要承担的义务及享有的权利等。

复习思考题

一、简答题

1. 工程师如何对施工进度进行控制?

2. 如何进行隐蔽工程的检验和验收?

3. 工程变更的程序是什么? 工程师如何处理设计变更?

4. 哪些情况下应给承包人合理顺延工期?

二、案例分析题

背景：

某工程项目(未实施监理)，由于勘察设计工作粗糙(招标文件中对此也未有任何说明)，基础工程实施过程中不得不增加了排水和加大基础的工程量，因而承包商按下列工程变更程序要求提出工程变更：

(1)承包方书面提出工程变更书；

(2)送交发包人代表；

(3)与设计方联系，交由业主组织审核；

(4)接受(或不接受)，设计人员就变更费用与承包方协商；

(5)设计人员就工程变更发出指令。

问题：

背景中的变更程序有什么不妥？

附 录 中华人民共和国招标投标法

中华人民共和国主席令

第八十六号

《全国人民代表大会常务委员会关于修改〈中华人民共和国招标投标法〉、〈中华人民共和国计量法〉的决定》已由中华人民共和国第十二届全国人民代表大会常务委员会第三十一次会议于 2017 年 12 月 27 日通过,现予公布,自 2017 年 12 月 28 日起施行。

中华人民共和国主席　习近平

2017 年 12 月 27 日

全国人民代表大会常务委员会关于修改
《中华人民共和国招标投标法》《中华人民共和国计量法》的决定

(2017 年 12 月 27 日第十二届全国人民代表大会常务委员会第三十一次会议通过)

第十二届全国人民代表大会常务委员会第三十一次会议决定:

一、对《中华人民共和国招标投标法》作出修改

(一)删去第十三条第二款第三项。

(二)删去第十四条第一款。

(三)将第五十条第一款中的"情节严重的,暂停直至取消招标代理资格"修改为"情节严重的,禁止其一年至二年内代理依法必须进行招标的项目并予以公告,直至由工商行政管理机关吊销营业执照"。

二、对《中华人民共和国计量法》作出修改

(一)将第三条第一款修改为:"国家实行法定计量单位制度。"

第三款修改为:"因特殊需要采用非法定计量单位的管理办法,由国务院计量行政部门另行制定。"

(二)删去第九条第二款中的"县级以上人民政府计量行政部门应当进行监督检查"。

(三)将第十二条修改为:"制造、修理计量器具的企业、事业单位,必须具有与所制造、修理的计量器具相适应的设施、人员和检定仪器设备。"

(四)将第十四条修改为:"任何单位和个人不得违反规定制造、销售和进口非法定计量单位的计量器具。"

（五）删去第十五条第二款。

（六）删去第十七条第二款。

（七）第四章增加一条作为第十八条："县级以上人民政府计量行政部门应当依法对制造、修理、销售、进口和使用计量器具，以及计量检定等相关计量活动进行监督检查。有关单位和个人不得拒绝、阻挠。"

（八）删去第二十二条。

本决定自 2017 年 12 月 28 日起施行。

《中华人民共和国招标投标法》《中华人民共和国计量法》根据本决定作相应修改，重新公布。

中华人民共和国招标投标法

（1999 年 8 月 30 日第九届全国人民代表大会常务委员会第十一次会议通过　根据 2017 年 12 月 27 日第十二届全国人民代表大会常务委员会第三十一次会议《关于修改〈中华人民共和国招标投标法〉〈中华人民共和国计量法〉的决定》修正　自 2017 年 12 月 28 日起施行）

目　　录

第一章　总　　则

第一条　为了规范招标投标活动，保护国家利益、社会公共利益和招标投标活动当事人的合法权益，提高经济效益，保证项目质量，制定本法。

第二条　在中华人民共和国境内进行招标投标活动，适用本法。

第三条　在中华人民共和国境内进行下列工程建设项目包括项目的勘察、设计、施工、监理以及与工程建设有关的重要设备、材料等的采购，必须进行招标：

（一）大型基础设施、公用事业等关系社会公共利益、公众安全的项目；

（二）全部或者部分使用国有资金投资或者国家融资的项目；

（三）使用国际组织或者外国政府贷款、援助资金的项目。

前款所列项目的具体范围和规模标准，由国务院发展计划部门会同国务院有关部门制订，报国务院批准。

法律或者国务院对必须进行招标的其他项目的范围有规定的，依照其规定。

第四条　任何单位和个人不得将依法必须进行招标的项目化整为零或者以其他任

何方式规避招标。

第五条 招标投标活动应当遵循公开、公平、公正和诚实信用的原则。

第六条 依法必须进行招标的项目,其招标投标活动不受地区或者部门的限制。任何单位和个人不得违法限制或者排斥本地区、本系统以外的法人或者其他组织参加投标,不得以任何方式非法干涉招标投标活动。

第七条 招标投标活动及其当事人应当接受依法实施的监督。

有关行政监督部门依法对招标投标活动实施监督,依法查处招标投标活动中的违法行为。

对招标投标活动的行政监督及有关部门的具体职权划分,由国务院规定。

第二章 招 标

第八条 招标人是依照本法规定提出招标项目、进行招标的法人或者其他组织。

第九条 招标项目按照国家有关规定需要履行项目审批手续的,应当先履行审批手续,取得批准。

招标人应当有进行招标项目的相应资金或者资金来源已经落实,并应当在招标文件中如实载明。

第十条 招标分为公开招标和邀请招标。

公开招标,是指招标人以招标公告的方式邀请不特定的法人或者其他组织投标。

邀请招标,是指招标人以投标邀请书的方式邀请特定的法人或者其他组织投标。

第十一条 国务院发展计划部门确定的国家重点项目和省、自治区、直辖市人民政府确定的地方重点项目不适宜公开招标的,经国务院发展计划部门或者省、自治区、直辖市人民政府批准,可以进行邀请招标。

第十二条 招标人有权自行选择招标代理机构,委托其办理招标事宜。任何单位和个人不得以任何方式为招标人指定招标代理机构。

招标人具有编制招标文件和组织评标能力的,可以自行办理招标事宜。任何单位和个人不得强制其委托招标代理机构办理招标事宜。

依法必须进行招标的项目,招标人自行办理招标事宜的,应当向有关行政监督部门备案。

第十三条 招标代理机构是依法设立、从事招标代理业务并提供相关服务的社会中介组织。

招标代理机构应当具备下列条件:

(一)有从事招标代理业务的营业场所和相应资金;

(二)有能够编制招标文件和组织评标的相应专业力量。

第十四条 招标代理机构与行政机关和其他国家机关不得存在隶属关系或者其他利益关系。

第十五条 招标代理机构应当在招标人委托的范围内办理招标事宜,并遵守本法关于招标人的规定。

第十六条 招标人采用公开招标方式的,应当发布招标公告。依法必须进行招标的项目的招标公告,应当通过国家指定的报刊、信息网络或者其他媒介发布。

招标公告应当载明招标人的名称和地址、招标项目的性质、数量、实施地点和时间以及获取招标文件的办法等事项。

第十七条 招标人采用邀请招标方式的,应当向三个以上具备承担招标项目的能力、资信良好的特定的法人或者其他组织发出投标邀请书。

投标邀请书应当载明本法第十六条第二款规定的事项。

第十八条 招标人可以根据招标项目本身的要求,在招标公告或者投标邀请书中,要求潜在投标人提供有关资质证明文件和业绩情况,并对潜在投标人进行资格审查;国家对投标人的资格条件有规定的,依照其规定。

招标人不得以不合理的条件限制或者排斥潜在投标人,不得对潜在投标人实行歧视待遇。

第十九条 招标人应当根据招标项目的特点和需要编制招标文件。招标文件应当包括招标项目的技术要求、对投标人资格审查的标准、投标报价要求和评标标准等所有实质性要求和条件以及拟签订合同的主要条款。

国家对招标项目的技术、标准有规定的,招标人应当按照其规定在招标文件中提出相应要求。

招标项目需要划分标段、确定工期的,招标人应当合理划分标段、确定工期,并在招标文件中载明。

第二十条 招标文件不得要求或者标明特定的生产供应者以及含有倾向或者排斥潜在投标人的其他内容。

第二十一条 招标人根据招标项目的具体情况,可以组织潜在投标人踏勘项目现场。

第二十二条 招标人不得向他人透露已获取招标文件的潜在投标人的名称、数量以及可能影响公平竞争的有关招标投标的其他情况。

招标人设有标底的,标底必须保密。

第二十三条 招标人对已发出的招标文件进行必要的澄清或者修改的,应当在招标文件要求提交投标文件截止时间至少十五日前,以书面形式通知所有招标文件收受人。该澄清或者修改的内容为招标文件的组成部分。

第二十四条 招标人应当确定投标人编制投标文件所需要的合理时间;但是,依法必须进行招标的项目,自招标文件开始发出之日起至投标人提交投标文件截止之日止,最短不得少于二十日。

第三章 投 标

第二十五条 投标人是响应招标、参加投标竞争的法人或者其他组织。

依法招标的科研项目允许个人参加投标的,投标的个人适用本法有关投标人的规定。

第二十六条 投标人应当具备承担招标项目的能力;国家有关规定对投标人资格条件或者招标文件对投标人资格条件有规定的,投标人应当具备规定的资格条件。

第二十七条　投标人应当按照招标文件的要求编制投标文件。投标文件应当对招标文件提出的实质性要求和条件作出响应。

招标项目属于建设施工的,投标文件的内容应当包括拟派出的项目负责人与主要技术人员的简历、业绩和拟用于完成招标项目的机械设备等。

第二十八条　投标人应当在招标文件要求提交投标文件的截止时间前,将投标文件送达投标地点。招标人收到投标文件后,应当签收保存,不得开启。投标人少于三个的,招标人应当依照本法重新招标。

在招标文件要求提交投标文件的截止时间后送达的投标文件,招标人应当拒收。

第二十九条　投标人在招标文件要求提交投标文件的截止时间前,可以补充、修改或者撤回已提交的投标文件,并书面通知招标人。补充、修改的内容为投标文件的组成部分。

第三十条　投标人根据招标文件载明的项目实际情况,拟在中标后将中标项目的部分非主体、非关键性工作进行分包的,应当在投标文件中载明。

第三十一条　两个以上法人或者其他组织可以组成一个联合体,以一个投标人的身份共同投标。

联合体各方均应当具备承担招标项目的相应能力;国家有关规定或者招标文件对投标人资格条件有规定的,联合体各方均应当具备规定的相应资格条件。由同一专业的单位组成的联合体,按照资质等级较低的单位确定资质等级。

联合体各方应当签订共同投标协议,明确约定各方拟承担的工作和责任,并将共同投标协议连同投标文件一并提交招标人。联合体中标的,联合体各方应当共同与招标人签订合同,就中标项目向招标人承担连带责任。

招标人不得强制投标人组成联合体共同投标,不得限制投标人之间的竞争。

第三十二条　投标人不得相互串通投标报价,不得排挤其他投标人的公平竞争,损害招标人或者其他投标人的合法权益。

投标人不得与招标人串通投标,损害国家利益、社会公共利益或者他人的合法权益。

禁止投标人以向招标人或者评标委员会成员行贿的手段谋取中标。

第三十三条　投标人不得以低于成本的报价竞标,也不得以他人名义投标或者以其他方式弄虚作假,骗取中标。

第四章　开标、评标和中标

第三十四条　开标应当在招标文件确定的提交投标文件截止时间的同一时间公开进行;开标地点应当为招标文件中预先确定的地点。

第三十五条　开标由招标人主持,邀请所有投标人参加。

第三十六条　开标时,由投标人或者其推选的代表检查投标文件的密封情况,也可以由招标人委托的公证机构检查并公证;经确认无误后,由工作人员当众拆封,宣读投标人名称、投标价格和投标文件的其他主要内容。

招标人在招标文件要求提交投标文件的截止时间前收到的所有投标文件,开标时都应当当众予以拆封、宣读。

开标过程应当记录,并存档备查。

第三十七条 评标由招标人依法组建的评标委员会负责。

依法必须进行招标的项目,其评标委员会由招标人的代表和有关技术、经济等方面的专家组成,成员人数为五人以上单数,其中技术、经济等方面的专家不得少于成员总数的三分之二。

前款专家应当从事相关领域工作满八年并具有高级职称或者具有同等专业水平,由招标人从国务院有关部门或者省、自治区、直辖市人民政府有关部门提供的专家名册或者招标代理机构的专家库内的相关专业的专家名单中确定;一般招标项目可以采取随机抽取方式,特殊招标项目可以由招标人直接确定。

与投标人有利害关系的人不得进入相关项目的评标委员会;已经进入的应当更换。

评标委员会成员的名单在中标结果确定前应当保密。

第三十八条 招标人应当采取必要的措施,保证评标在严格保密的情况下进行。

任何单位和个人不得非法干预、影响评标的过程和结果。

第三十九条 评标委员会可以要求投标人对投标文件中含义不明确的内容作必要的澄清或者说明,但是澄清或者说明不得超出投标文件的范围或者改变投标文件的实质性内容。

第四十条 评标委员会应当按照招标文件确定的评标标准和方法,对投标文件进行评审和比较;设有标底的,应当参考标底。评标委员会完成评标后,应当向招标人提出书面评标报告,并推荐合格的中标候选人。

招标人根据评标委员会提出的书面评标报告和推荐的中标候选人确定中标人。招标人也可以授权评标委员会直接确定中标人。

国务院对特定招标项目的评标有特别规定的,从其规定。

第四十一条 中标人的投标应当符合下列条件之一:

(一)能够最大限度地满足招标文件中规定的各项综合评价标准;

(二)能够满足招标文件的实质性要求,并且经评审的投标价格最低;但是投标价格低于成本的除外。

第四十二条 评标委员会经评审,认为所有投标都不符合招标文件要求的,可以否决所有投标。

依法必须进行招标的项目的所有投标被否决的,招标人应当依照本法重新招标。

第四十三条 在确定中标人前,招标人不得与投标人就投标价格、投标方案等实质性内容进行谈判。

第四十四条 评标委员会成员应当客观、公正地履行职务,遵守职业道德,对所提出的评审意见承担个人责任。

评标委员会成员不得私下接触投标人,不得收受投标人的财物或者其他好处。

评标委员会成员和参与评标的有关工作人员不得透露对投标文件的评审和比较、中标候选人的推荐情况以及与评标有关的其他情况。

第四十五条 中标人确定后,招标人应当向中标人发出中标通知书,并同时将中标结果通知所有未中标的投标人。

中标通知书对招标人和中标人具有法律效力。中标通知书发出后,招标人改变中标结果的,或者中标人放弃中标项目的,应当依法承担法律责任。

第四十六条 招标人和中标人应当自中标通知书发出之日起三十日内,按照招标文件和中标人的投标文件订立书面合同。招标人和中标人不得再行订立背离合同实质性内容的其他协议。

招标文件要求中标人提交履约保证金的,中标人应当提交。

第四十七条 依法必须进行招标的项目,招标人应当自确定中标人之日起十五日内,向有关行政监督部门提交招标投标情况的书面报告。

第四十八条 中标人应当按照合同约定履行义务,完成中标项目。中标人不得向他人转让中标项目,也不得将中标项目肢解后分别向他人转让。

中标人按照合同约定或者经招标人同意,可以将中标项目的部分非主体、非关键性工作分包给他人完成。接受分包的人应当具备相应的资格条件,并不得再次分包。

中标人应当就分包项目向招标人负责,接受分包的人就分包项目承担连带责任。

第五章 法律责任

第四十九条 违反本法规定,必须进行招标的项目而不招标的,将必须进行招标的项目化整为零或者以其他任何方式规避招标的,责令限期改正,可以处项目合同金额千分之五以上千分之十以下的罚款;对全部或者部分使用国有资金的项目,可以暂停项目执行或者暂停资金拨付;对单位直接负责的主管人员和其他直接责任人员依法给予处分。

第五十条 招标代理机构违反本法规定,泄露应当保密的与招标投标活动有关的情况和资料的,或者与招标人、投标人串通损害国家利益、社会公共利益或者他人合法权益的,处五万元以上二十五万元以下的罚款,对单位直接负责的主管人员和其他直接责任人员处单位罚款数额百分之五以上百分之十以下的罚款;有违法所得的,并处没收违法所得;情节严重的,禁止其一年至二年内代理依法必须进行招标的项目并予以公告,直至由工商行政管理机关吊销营业执照;构成犯罪的,依法追究刑事责任。给他人造成损失的,依法承担赔偿责任。

前款所列行为影响中标结果的,中标无效。

第五十一条 招标人以不合理的条件限制或者排斥潜在投标人的,对潜在投标人实行歧视待遇的,强制要求投标人组成联合体共同投标的,或者限制投标人之间竞争的,责令改正,可以处一万元以上五万元以下的罚款。

第五十二条 依法必须进行招标的项目的招标人向他人透露已获取招标文件的潜在投标人的名称、数量或者可能影响公平竞争的有关招标投标的其他情况的,或者泄露标底的,给予警告,可以并处一万元以上十万元以下的罚款;对单位直接负责的主管人员和其他直接责任人员依法给予处分;构成犯罪的,依法追究刑事责任。

前款所列行为影响中标结果的,中标无效。

第五十三条 投标人相互串通投标或者与招标人串通投标的,投标人以向招标人或者评标委员会成员行贿的手段谋取中标的,中标无效,处中标项目金额千分之五以上千分之十以下的罚款,对单位直接负责的主管人员和其他直接责任人员处单位罚款数额百分之五以上百分之十以下的罚款;有违法所得的,并处没收违法所得;情节严重的,取消其一年至二年内参加依法必须进行招标的项目的投标资格并予以公告,直至由工商行政管理机关吊销营业执照;构成犯罪的,依法追究刑事责任。给他人造成损失的,依法承担赔偿责任。

第五十四条　投标人以他人名义投标或者以其他方式弄虚作假,骗取中标的,中标无效,给招标人造成损失的,依法承担赔偿责任;构成犯罪的,依法追究刑事责任。

依法必须进行招标的项目的投标人有前款所列行为尚未构成犯罪的,处中标项目金额千分之五以上千分之十以下的罚款,对单位直接负责的主管人员和其他直接责任人员处单位罚款数额百分之五以上百分之十以下的罚款;有违法所得的,并处没收违法所得;情节严重的,取消其一年至三年内参加依法必须进行招标的项目的投标资格并予以公告,直至由工商行政管理机关吊销营业执照。

第五十五条　依法必须进行招标的项目,招标人违反本法规定,与投标人就投标价格、投标方案等实质性内容进行谈判的,给予警告,对单位直接负责的主管人员和其他直接责任人员依法给予处分。

前款所列行为影响中标结果的,中标无效。

第五十六条　评标委员会成员收受投标人的财物或者其他好处的,评标委员会成员或者参加评标的有关工作人员向他人透露对投标文件的评审和比较、中标候选人的推荐以及与评标有关的其他情况的,给予警告,没收收受的财物,可以并处三千元以上五万元以下的罚款,对有所列违法行为的评标委员会成员取消担任评标委员会成员的资格,不得再参加任何依法必须进行招标的项目的评标;构成犯罪的,依法追究刑事责任。

第五十七条　招标人在评标委员会依法推荐的中标候选人以外确定中标人的,依法必须进行招标的项目在所有投标被评标委员会否决后自行确定中标人的,中标无效。责令改正,可以处中标项目金额千分之五以上千分之十以下的罚款;对单位直接负责的主管人员和其他直接责任人员依法给予处分。

第五十八条　中标人将中标项目转让给他人的,将中标项目肢解后分别转让给他人的,违反本法规定将中标项目的部分主体、关键性工作分包给他人的,或者分包人再次分包的,转让、分包无效,处转让、分包项目金额千分之五以上千分之十以下的罚款;有违法所得的,并处没收违法所得;可以责令停业整顿;情节严重的,由工商行政管理机关吊销营业执照。

第五十九条　招标人与中标人不按照招标文件和中标人的投标文件订立合同的,或者招标人、中标人订立背离合同实质性内容的协议的,责令改正;可以处中标项目金额千分之五以上千分之十以下的罚款。

第六十条　中标人不履行与招标人订立的合同的,履约保证金不予退还,给招标人造成的损失超过履约保证金数额的,还应当对超过部分予以赔偿;没有提交履约保证金的,应当对招标人的损失承担赔偿责任。

中标人不按照与招标人订立的合同履行义务,情节严重的,取消其二年至五年内参加依法必须进行招标的项目的投标资格并予以公告,直至由工商行政管理机关吊销营业执照。

因不可抗力不能履行合同的，不适用前两款规定。

第六十一条　本章规定的行政处罚，由国务院规定的有关行政监督部门决定。本法已对实施行政处罚的机关作出规定的除外。

第六十二条　任何单位违反本法规定，限制或者排斥本地区、本系统以外的法人或者其他组织参加投标的，为招标人指定招标代理机构的，强制招标人委托招标代理机构办理招标事宜的，或者以其他方式干涉招标投标活动的，责令改正；对单位直接负责的主管人员和其他直接责任人员依法给予警告、记过、记大过的处分，情节较重的，依法给予降级、撤职、开除的处分。

个人利用职权进行前款违法行为的，依照前款规定追究责任。

第六十三条　对招标投标活动依法负有行政监督职责的国家机关工作人员徇私舞弊、滥用职权或者玩忽职守，构成犯罪的，依法追究刑事责任；不构成犯罪的，依法给予行政处分。

第六十四条　依法必须进行招标的项目违反本法规定，中标无效的，应当依照本法规定的中标条件从其余投标人中重新确定中标人或者依照本法重新进行招标。

第六章　附　　则

第六十五条　投标人和其他利害关系人认为招标投标活动不符合本法有关规定的，有权向招标人提出异议或者依法向有关行政监督部门投诉。

第六十六条　涉及国家安全、国家秘密、抢险救灾或者属于利用扶贫资金实行以工代赈、需要使用农民工等特殊情况，不适宜进行招标的项目，按照国家有关规定可以不进行招标。

第六十七条　使用国际组织或者外国政府贷款、援助资金的项目进行招标，贷款方、资金提供方对招标投标的具体条件和程序有不同规定的，可以适用其规定，但违背中华人民共和国的社会公共利益的除外。

第六十八条　本法自 2000 年 1 月 1 日起施行。

参 考 文 献

[1] 住房城乡建设部,国家工商行政管理总局．建设工程施工合同:示范文本:GF—1999—
　　0201[S]．北京:中国建筑工业出版社,1999.

[2] 张志勇．工程招投标与合同管理[M]．北京:高等教育出版社,2009.

[3] 肖铭,潘安平．建筑法规[M]．北京:北京大学出版社,2012.

[4] 李明孝．建设工程招投标与合同管理[M]．西安:西北工业大学出版社,2015.

[5] 宋春岩,付庆向．建设工程招投标与合同管理[M]．北京:北京大学出版社,2008.

[6] 张国兴．工程项目招标投标[M]．北京:中国建筑工业出版社,2007.

[7] 刘冬峰,关永冰,程志雄．建设工程招投标与合同管理[M]．南京:南京大学出版社,
　　2012.

[8] 王贺,孙霞．建筑工程招投标与合同管理[M]．北京:国家行政学院出版社,2014.

[9] 生青杰．建设工程法[M]．武汉:武汉理工大学出版社,2007.

[10] 张永波,何伯森．FIDIC 新版合同条件导读与解析[M]．北京:中国建筑工业出版社,
　　　2003.

[11] 中国建设监理协会．建设工程合同管理[M]．北京:知识产权出版社,2006.

[12] 袁炳玉．招标采购法律法规与政策[M]．北京:中国计划出版社,2010.

[13] 李洪军．工程项目招投标与合同管理[M]．北京:北京大学出版社,2009.

[14] 项建国．建筑工程项目管理[M]．北京:中国建筑工业出版社,2011.

[15] 全国一级建造师执业资格考试用书编写委员会．建设工程法规及相关知识[M]．
　　　北京:中国建筑工业出版社,2012.

[16] 全国一级建造师执业资格考试用书编写委员会．建筑工程管理与实务[M]．北京:
　　　中国建筑工业出版社,2012.

图书在版编目(CIP)数据

建设工程招投标与合同管理/余琳琳主编 . —合肥:合肥工业大学出版社,2018.6
ISBN 978 - 7 - 5650 - 3986 - 7

Ⅰ.①建… Ⅱ.①余… Ⅲ.①建筑工程—招标②建筑工程—投标③建筑工程—
经济合同—管理 Ⅳ.①TU723

中国版本图书馆 CIP 数据核字(2018)第 107169 号

建设工程招投标与合同管理

余琳琳 主编 责任编辑 马栓磊

出 版	合肥工业大学出版社	版 次	2018 年 6 月第 1 版
地 址	合肥市屯溪路 193 号	印 次	2018 年 6 月第 1 次印刷
邮 编	230009	开 本	787 毫米×1092 毫米 1/16
电 话	理工编辑部:0551 - 62903055	印 张	13
	市场营销部:0551 - 62903198	字 数	295 千字
网 址	www. hfutpress. com. cn	印 刷	安徽昶颉包装印务有限责任公司
E-mail	hfutpress@163.com	发 行	全国新华书店

ISBN 978 - 7 - 5650 - 3986 - 7 定价:30.00 元

如果有影响阅读的印装质量问题,请与出版社市场营销部联系调换。